鬼斧天工的地理奇观

GUIFUTIANGONG DE DILI QIGUAN

廖胜根 编著

中国出版集团
现代出版社

U0811522

图书在版编目（CIP）数据

鬼斧天工的地理奇观 / 廖胜根编著 .—北京：现代出版社，2012.12（2024.1）

ISBN 978－7－5143－0755－9

Ⅰ.①鬼… Ⅱ.①廖… Ⅲ.①自然地理－世界－青年读物②自然地理－世界－少年读物 Ⅳ.①P941－49

中国版本图书馆 CIP 数据核字（2012）第 285543 号

鬼斧天工的地理奇观

编　　著　廖胜根
责任编辑　李　鹏
出版发行　现代出版社
地　　址　北京市安定门外安华里 504 号
邮政编码　100011
电　　话　010－64267325　010－64245264（兼传真）
网　　址　www. 1980xd. com
电子信箱　xiandai@ vip. sina. com
印　　刷　三河市人民印务有限公司
开　　本　710mm × 1000mm　1/16
印　　张　14. 5
版　　次　2012 年 12 月第 1 版　2024 年 1 月第 9 次印刷
书　　号　ISBN 978－7－5143－0755－9
定　　价　59. 80 元

版权所有，翻印必究；未经许可，不得转载

前言 PREFACE

鬼斧天工的地理奇观

地球是我们赖以生存的家园。她是一片古老而又生机勃勃的土地。由于受地理纬度、海陆分布、地形等地带性因素和风化、雨水侵蚀等非地带性因素影响，这片土地上形成了无尽的自然奇观。面对这些自然奇观，我们甚至无法用文字描述出心中的震撼。于是，我们只好感叹大自然的鬼斧神工！

这些自然奇观分布在世界各地，有些远在杳无人烟的南极洲，有些在茂密的原始森林，有些在波涛汹涌的大海……我们虽然无法一一造访它们，但是却可以通过文字、图片、影像等资料感受它们带给我们的震撼。

我们组织编写这本书，正是希望通过图文并茂的形式开阔广大青少年朋友的眼界，让广大青少年朋友感受这些自然奇观的魅力！

为了反映自然奇观的全貌，我们在编写本书的过程中，精心筛选了全球最具代表性的景观。当然，地球上的奇观实在太多了，我们无法在一本书中把它们的靓丽身影都呈现出来。

不过，所谓“管中窥豹，略见一斑”，相信广大青少年朋友在翻阅本书之后，自然会对地球上的自然奇观有一个比较清晰的认识。为了做到这一点，我们在编写本书的过程中始终坚持“数据翔实、文字精练、图片精美”的原则，做了大量的努力。

除精心筛选了最具代表性的奇观外，我们还精心地对所选奇观做了分类。我们将入选本书的自然奇观分成了八类，分别是名山传奇、水的变奏曲、峡谷和岩洞、岛屿和海湾、冰火两重天（即冰川与火山）、浩瀚的沙海、国家公园、其他奇观。

我们在对自然奇观分类的同时兼顾了地域原则，尽量把属于同一地域的奇观安排在一起。比如本书第二章的“鸣沙山与月牙泉”，前者本应安排在“浩瀚的沙海”一章中，但鸣沙山与月牙泉是一个完整的风景区，所以我们就把它们放在了一起。

当然，由于大自然的丰富多彩，任何一个奇观都或多或少地带有其他类奇观的特点。如“国家公园”一章就涉及许多冰川和火山奇观。不过，这些国家公园除了冰川和火山以外，还有更丰富的景色。面对大自然的丰富多彩，我们有时候不得不感叹人力之渺小啊！

CONTENTS 目录

鬼斧天工的地理奇观

GUIFUTIANGONG DE DILI QIGUAN

名山传奇

黄　山 …… 2
庐　山 …… 5
雁荡山 …… 7
丹霞山 …… 10
长白山 …… 13
火焰山 …… 16
珠穆朗玛峰 …… 19
富士山 …… 21
阿尔卑斯山脉 …… 23
比利牛斯山 …… 26
鲁文佐里山脉 …… 29
蓝　山 …… 32

水的变奏曲

鸣沙山与月牙泉 …… 36
黄果树瀑布 …… 38
纳木错 …… 40
苍山洱海 …… 42
三江并流 …… 45
青海湖 …… 49
喀纳斯湖 …… 51
天山天池 …… 53
维多利亚瀑布 …… 56
死　海 …… 58
亚马孙河 …… 60
尼亚加拉大瀑布 …… 62

峡谷和岩洞

长江三峡 …… 66
雅鲁藏布江大峡谷 …… 68
虎跳峡 …… 70
东非大裂谷 …… 72
布莱斯峡谷 …… 74
死　谷 …… 76
科罗拉多大峡谷 …… 78
卡尔斯巴德洞窟 …… 80

岛屿和海湾

下龙湾 …… 84
扎沃多夫斯基岛 …… 86
吉罗拉塔湾、波尔图湾和斯康多拉保护区 …… 88
博拉—博拉岛 …… 90
大堡礁 …… 92

弗雷泽岛 …… 95
沙克湾 …… 98
瓦尔德斯半岛 …… 101
巴芬岛和巴芬湾 …… 104
埃尔斯米尔岛 …… 107
阿卡迪亚岛 …… 110

冰火两重天

玉龙雪山 …… 114
梅里雪山 …… 117
海螺沟 …… 119
瓦特纳冰川 …… 121
菲律宾火山 …… 123
堪察加火山群 …… 126
西伯利亚冰原 …… 129
埃特纳火山 …… 131
维苏威火山 …… 134
乞力马扎罗火山 …… 137
埃里伯斯火山 …… 140

浩瀚的沙海

罗布泊 …… 144
魔鬼城 …… 146
五彩湾 …… 149
塔克拉玛干沙漠 …… 151
沙漠中的翡翠 …… 154
岩塔沙漠 …… 156
撒哈拉沙漠 …… 158
骷髅海岸 …… 161

国家公园

卡卡杜国家公园 …… 166
冰川国家公园 …… 169
库克山国家公园 …… 172
乌卢鲁国家公园 …… 174
黄石国家公园 …… 178
冰河湾国家公园 …… 183
化石林国家公园 …… 187
大特顿国家公园 …… 189
夏威夷火山国家公园 …… 191
大沼泽地国家公园 …… 195
卡特迈国家公园 …… 198

其他奇观

乐业天坑 …… 202
路南石林 …… 204
元谋土林 …… 206
黄　龙 …… 208
西双版纳 …… 210
若尔盖大草原 …… 213
呼伦贝尔草原 …… 215
昆士兰湿热地 …… 217
帕木克堡 …… 220
巨人之路 …… 222
阿拉斯加极光 …… 224

名山传奇

GUIFUTIANGONG DE DILI
QIGUAN

中国自古以来就是一个多山的国家！譬如黄山的奇，华山的险，峨嵋的秀，青城的幽，三清的道场，普陀的佛境，三峡的神秀，桂林的婉约，潇湘的诗情，新安的画意……

古哲云，上善若水，无际唯山。山无言而壁立千仞，是为无际自高，无欲则刚也。水无形，其至柔而克刚，上润天，下泽地，其性至灵至坚也。当我们蒙蔽尘埃的心灵在世俗和物欲中迷失方向时，不妨以山水为师、为友、为鉴、为勉，唯其如此，我们才能真正将山水藏纳于胸。仁者乐山，智者乐水。

黄 山

说到地理中的自然奇观，不能不说世界上的名山；说到名山就不能不说传奇般的中国名山；而说到中国的名山更不能不说黄山。所谓“五岳归来不看山，黄山归来不看岳”，就是这个意思。

黄山位于安徽省南部，以“震旦国中第一奇山”而闻名。黄山以其壮丽的景色——生长在花岗岩石上的奇松和浮现在云海中的怪石而著称。奇松、怪石、云海被誉为“黄山三奇”，加上温泉，合称“黄山四绝”，名冠于世。其劈地摩天的奇峰、玲珑剔透的怪石、变化无常的云海、千奇百怪的苍松，构成了无穷无尽的神奇美景。因此黄山又有“人间仙境”之美誉。

知识小链接

温 泉

温泉是泉水的一种，是一种由地下自然涌出的泉水，也指温度高于当地年平均温度 5℃或华氏 10 ℉以上的泉水。温度超过 20℃的形成温泉必须具备地底有热源存在、岩层中具裂隙让温泉涌出、地层中有储存热水的空间三个条件。

从自然地理的角度来看，黄山属于中国东南丘陵的一部分，是长江水系和钱塘江水系在安徽省境内的分水岭。黄山山脉南北长约 40 千米，东西宽约 30 千米，全山总面积约 1200 平方千米，而黄山风景区则是这座山的核心，面积为 154 平方千米。

大约在两三亿年前，黄山所在的地方是一片被称作“古扬子海”的汪洋。后来，古扬子海不断缩小，随之露出的陆地被称作“江南古陆”。大约在两亿多年前，发生了一次大规模的地壳运动，古扬子海消失了，今天的黄山一带成了陆地。到了1.43亿年前，地下深处炽热的岩浆向上升，并在距地面3000～6000米处冷却下来，形成了花岗岩岩体，这就是孕育在地下的黄山胚胎。

黄山迎客松

距今五六千万年前，这里开始了又一次大规模的地壳运动，终于使隐伏的花岗岩岩体冲出地面，形成了今天黄山的方圆布局。但是那时的黄山并不像今天这样奇幻美丽，后来风、雨、雪、霜、流水等自然的力量才把坚硬的花岗岩琢磨出如今玲珑剔透的模样。

仙人指路

黄山的美，是一种多层次、多侧面的综合的自然山水之美。黄山风景集奇异深邃、雄伟险峰和神秘莫测于一身，极具审美价值。其中尤以奇松、怪石、云海、温泉四景为人们所称道，被冠名为“黄山四绝”。

“黄山松”享誉中外，素有“无石不松，无松不奇”的称谓。黄山松多生长在海拔800米以上的高山崖石上。树龄一般在数百年以上，少数甚至达上千年。这些名松古老苍劲，奇形怪状，有立有卧；有的俯仰斜插，有的刚毅挺拔，有的盘曲倒挂。为此，人们评出了十大名松：舒枝引客的迎客松、垂首送宾的送客松、展翼欲飞的凤凰松，以及连理松、蒲团松、黑虎松、麒麟松、团结松、探海松、飞龙松。不论在山顶、山坡，还是山谷之中，黄山松到处可见，既奇且秀，美不胜收。

黄山层峦叠嶂，奇峰异石全山遍布，已有各种名称者多达120处。怪石千姿百态，小者玲珑剔透，造化精妙；大者石林耸峙，石笋罗列。著名的怪石有“松鼠跳天都”、“猴子观海”等等。黄山巧石之中更有两种奇妙的：一种是站在不同位置观看，会出现两种不同的景象，如在半山寺看天都峰侧有一小峰如“金鸡”，名为“金鸡叫天门”，而到蟠龙坡上回头再看，“金鸡”却变成了“五位老人”，成为“五老上天都”了。“喜鹊登梅”和“仙人指路”也属此类。另一种是巧石与奇松的美妙组合，构成令人称绝的景观，如北海的“梦笔生花”即是石之“笔”和松之“花”相结合而形成的。

基础小知识

黑虎松

黄山十大名松之一，被列入世界遗产名录。生于白鹅岭索道站下坡至始信峰岔路口，海拔1650米处。相传古代有一高僧入定时，见一黑虎卧于松顶，后寻黑虎不见，只见古松高大苍劲，干枝气势雄伟，虎气凛凛，且冠盖浓绿近墨，似一黑虎卧于坡下，故名“黑虎松”。

黄山多云海。每当雨过天晴，或在日出之前，山谷中就雾起云腾，铺天盖地而来，似海不是海，如烟不像烟，风来则气象万千，日出则五光十色，其波澜壮阔之势、变幻莫测之状，蔚为壮观。云海使黄山静中有动，姿态万千，成为黄山别于其他名山的一大特色。黄山云海分为五片，白鹅岭以东称东海，飞来峰以西称西海，莲花峰以南称南海，狮子林以北称北海，光明顶周围称天海。

黄山温泉有三处：一在紫云峰下，名“温泉”；一在松谷庵南侧，名“锡泉”；一在圣泉峰顶，名“圣泉”。前山“温泉”水温较高，一般保持在42℃左右，水质清澄，水味甘美。相传轩辕黄帝曾在此沐浴，返老还童，由此声誉大振，名扬四方，被称为“灵泉”。

庐　山

“横看成岭侧成峰，远近高低各不同。不识庐山真面目，只缘身在此山中。”苏东坡的这首诗真切地描述了庐山的奇观。而古今中外发现并描述庐山奇观的并非苏东坡一人。从这一点来说，庐山绝对算是中国南方值得大书特书的一座名山了。

庐山位于长江中游南岸、鄱阳湖滨，是座地垒式断块山。大山、大江、大湖浑然一体，险峻与柔丽相济，素以“雄、奇、险、秀”闻名于世。庐山具有重要的科学价值与美学价值。庐山风景名胜区面积302平方千米，外围保护地带500平方千米。庐山有独特的第四纪冰川遗迹，有河流、湖泊、坡地、山峰等多种地貌类型，有“地质公园”之称。

庐山在10亿多年前就开始了它的发展史。它记录了地球

拓展阅读

羊背石

也叫“羊额石”。是由冰蚀作用形成的石质小丘，特别是在大陆冰川作用区，石质小丘往往与石质洼地、湖盆相伴分布，成群地匍匐于地表，犹如羊群伏在地面上一样，故称羊背石。它由岩性坚硬的小丘被冰川磨削而成。顶部浑圆，形似羊背。具有卵形的基部。长轴延伸的方向和冰川运动的方向一致。纵剖面前后不对称：迎冰坡一般较平缓和光滑；背冰坡较陡峻和粗糙。多数羊背石分布的地区，地面呈波状起伏。

的地壳演变史，承载过地球曾发生的一次次惊心动魄的巨变：海陆的轮番更替、地壳的缓慢沉积、气候的冷热交替、生物的生死嬗递、燕山运动的山体崛起、第四纪冰川的洗礼等等。

庐　山

庐山是存留第四纪冰川遗迹最典型的山体：大坳冰斗、芦林冰窖、王家坡U形谷、莲谷悬谷、犁头尖角峰、含鄱岭刃脊、金竹坪冰坡、石门涧冰坎和“冰桌”、鼻山尾、羊背石、冰川条痕石等等。大约在2000多万年前的喜马拉雅造山运动中，庐山才成断块山崛起。在距今200万年前的第四纪大冰期中，庐山至少产生过3～4次亚冰期。每个亚冰期长达数十万年，由于气候严寒，降雪量充沛，产生了冰川。每次冰川都对宏伟的庐山进行一番雕饰。亚冰期之间的间冰期气候炎热可达数十万年，冰川消融，流水涓涓，庐山四周断崖瀑布林立，泥石流不断产生，使庐山变得险峻而秀丽，成为天下名山。

三叠泉瀑布

庐山地质构造复杂，形迹明显，展现出地壳变化的主要过程。北部以褶曲构造为主要特征，形成一系列谷岭地貌；南部和西北部则为一系列断层崖，形成高峻的山峰。山地中分布着宽谷和峡谷，外围则发育为阶地和谷阶。由于断层块构造形成的山体多奇峰峻岭，所以庐山群峰有的浑圆如华盖，有的绵延似长城，有的高摩天穹，有的俯瞰波涛，雄伟壮观、气象万千。山地四周虽满布断崖峭壁，幽深涧谷，但从牯岭街至汉阳峰及其他山峰的相对高度却不大，起伏较小，谷地宽广，形成“外陡里平”的奇特地形。庐山主峰大汉阳峰，海拔 1474 米，四周围绕的群峰之间散布着道道沟壑，重重岩洞，条条瀑布，幽幽溪涧，地形地貌复杂多样。水流在河谷发育裂点，形成许多急流与瀑布。著名的三叠泉瀑布，落差达 155 米。

庐山处于亚热带季风区，雨量充沛、气候温和宜人，是盛夏季节高悬于长江中下游“热海”中的“凉岛”。山中温差大，云雾多，千姿百态，变幻无穷。有时山巅高出云层之上，从山下看山上，庐山云天缥缈，时隐时现，宛如仙境；从山上往山下看，脚下则云海茫茫，犹如腾云驾雾一般。优越的自然条件使得庐山植物生长茂盛，植被丰富。随着海拔高度的增加，地表水热状况垂直分布，由山麓到山顶分别生长着常绿阔叶林、落叶阔叶林，中间为两者的混交林。据不完全统计，庐山植物有 210 科、735 属、1720 种，分为温带、热带、亚热带、东亚、北美和中国等 7 个类型，是一座天然的植物园。

雁荡山

雁荡山位于浙江省乐清市境内，素有“海上名山”、“寰中绝胜”之美誉，史称“东南第一山”。雁荡山因“岗顶有湖，芦苇丛生，结草为荡，秋雁宿之”而得名。雁荡山景色优美，以众多诡形殊状的峰、洞、岩石、泉、嶂称胜。

根据地质考察，雁荡山形成于1.2亿多年前，原是火山地带。到了距今4000多万年前，它沉没在海中，岩体受到海水的侵蚀；又过了2000多万年，它逐渐露出海面；以后又遇冰川期，遭到冰川洪水的袭击，岩体又进一步崩解和剥蚀，岩体裸露，形成众多的深谷、峰林，有“造型地貌博物馆”之称。雁荡山是环太平洋亚洲大陆边缘火山带中最具完整性、典型性的白垩纪流纹质古火山。它比环太平洋安第斯火山带和美国西部火山带更为古老、更为神奇。雁荡山不仅记录了中生代古火山发生、演化的历史和深部地壳、地幔相互作用的过程，还展示了1亿年来地质作用所产生的个性优美的自然景观，这在世界上是独一无二的。

基础小知识

古火山

古火山是指新生代以来没有活动过的火山。由于长期受到侵蚀，外形已难以辨认。

雁荡山是国家级风景名胜区，有东、南、西、北、中雁荡山之分。其中北雁荡山规模最大、景点最多、最为出名。人们通常说的雁荡山，简称雁荡或雁山，一般都指北雁荡山。峰、嶂、洞、瀑奇妙的天然组合，形成了北雁荡山特有的奇秀景色。明代大旅行家徐霞客三游雁荡之后，还有“欲穷雁荡之胜，非飞仙不能”之叹！

显胜门

北雁荡山位于乐清市境内东北部，距温州市区70多千米，万山重叠，群峰争雄，悬嶂蔽日，飞瀑凌空。北雁荡山景区总面积450平方千米，分灵峰、三折瀑、灵岩、大龙湫、雁湖、显胜门、仙桥、羊角洞八大景区，共计景点500多处，以峰、洞、瀑、嶂称胜，有102奇峰、66洞天、27飞瀑、23嶂峦之说。北宋著名科学家沈括四次考察北雁荡山，赞其为“天下奇秀”。

北雁荡山洞穴不仅数量多，而且风格奇特。如观音洞，既高又深，洞内建有九层楼阁，气势雄伟。灵峰古洞，洞洞相连，形状各异，迂回曲折。现在辟有云雾、透天、含珠、隐虎、好运、凉风等七洞，供游人寻奇探幽。另外还有著名的仙姑洞、北斗洞、将军洞、朝阳洞、天窗洞、东石梁洞、西石梁洞等，或幽深，或宽敞，或奇险，个个充满神奇色彩。

知识小链接

北 宋

北宋（960—1127）是中国历史上的一个朝代，由赵匡胤建立，建都开封，与南宋合称宋朝，又称“两宋”。北宋王朝的建立，结束了中国自唐末以来四分五裂的局面，统治黄河中下游流域及以南一带广大地区，实现中国大部统一。但由于与宋同时代的辽、金、西夏等国的强大，北宋政权一直处于外族的威胁之中。1127年，金军攻破开封，掠走徽、钦二帝，史称“靖康之变”，北宋灭亡。

雄壮的岩嶂是雁荡山的一大奇观，从灵峰景区的倚天嶂到大龙湫的连云嶂，如蜿蜒蟠结的蛟龙，纵贯整个景区，形成雁荡山雄伟壮观的磅礴气势。它是奇峰怪石的依托，又是飞瀑夺路而下之所在。它忽而围成一个幽静的深谷，忽而展开托起千丈奇峰，忽而又对峙成雄关天险。雄浑奇绝的铁城嶂、蜿蜒高耸的连云嶂、灿若彩霞的屏霞嶂和气象森严的万象嶂，是北雁荡山的四大奇嶂。

飞瀑是北雁荡山景观的灵气所在。清人有诗：“东瓯夙称山水窟，西谷龙湫最奇绝。”大龙湫瀑布从190米的崖顶飞泻而下，势若银河倒泻，匹练横空，在阳光与风的作用下，时而飘逸轻灵，烟雾弥漫。如珠垂挂的小龙湫、变幻多姿的散水岩、气势不凡的西大瀑、活泼潇洒的梅雨瀑等，均各具特色，自有奇妙之处。

连云嶂

南雁荡山位于平阳境内，距温州市区 87 千米，离平阳城关 32 千米，总面积 97.68 平方千米。因北部明王峰上有泥塘沼泽，秋冬大雁在此栖息，且与北雁荡山遥望相对，故名南雁荡山。风景区以秀溪、幽洞、奇峰、景岩、银瀑、石堑为六大特色，有“浙南第一胜景”之称。与北雁荡、中雁荡合称雁荡山风景名胜区，属于山岳型国家级重点风景名胜。景区山岳由浙闽边界的洞宫山山脉延伸而来，多在海拔 500 米以上，迂折蟠回。北部以明王峰为主峰，海拔 1077 米。九溪汇流，中贯溪滩，山水相映。并分东西洞、顺溪、东屿、畴溪和石城 5 个景区，有 67 峰、24 洞、13 潭、8 瀑、9 石之胜。

中雁荡山因居北、南二雁荡山之间，故称中雁荡山，分玉甑、三湖、东漈、西漈、凤凰山、杨八洞、刘公谷 7 个景区。其中玉甑、西漈、东漈为三大主要景区。步入景区，即见峰峦陡峭，洞谷深邃，峰奇石怪，溪碧泉清，自然造型奇秀，空间组合协调优美。

丹霞山

丹霞山位于广东省北部，处于韶关市仁化、曲江两县交界地带。丹霞山被誉为岭南第一奇山。山体由红色砂砾岩组成，沿垂直节理发育的各种丹霞奇峰极具特色，被称为“中国红石公园”。这里是“丹霞地貌”的命名地。狭义的丹霞山仅限于北部的长老峰、海螺峰和宝珠峰构成的山块，以宝珠峰最高，海拔 409 米。广义的丹霞山包括了这里由红石组成的 215 平方千米的丹霞山区。

丹霞地貌

丹霞山区在地质构造中属于南岭山脉中段的一个构造盆地，地质学上叫丹霞盆地。大约在距今 1 亿年前后，南岭山地强烈隆起，这里相对下陷，形成一个山间湖盆。在湖盆中开始了红色碎屑物质的堆积。直到距今 7000 万年以前，在盆地中形成了一层厚度约 3000 米、粗细相间的红色沉积盆地地层。其上部 1300 米厚的坚硬砂砾岩，被称为丹霞组地层，丹霞山的奇山异石，就发育在丹霞组地层上。在距今 4000 万 ~ 5000 万年前后，随着地壳运动，整个湖盆抬升，锦江及其支流顺着裂隙对这一层红色沉积岩下切侵蚀，保存下来的岩层就成为现在看到的丹霞山群。据专家研究，丹霞山地区的地壳还在抬升，平均每万年上升 0. 97 米。

基础小知识

砂砾岩

砂砾岩风化土是一种成分较复杂的混合土，成分以粗粒土为主，含细粒土较少。结合工程需要，对其作为均质堤坝填筑料的物理力学性质进行了研究，得出了其可作为均质堤坝填筑料的结论，并在施工中得到进一步验证。

构成丹霞山的岩层多呈水平状态，而且粗细、软硬不同。粗大的碎石组成的岩层称作砾岩，一般比较坚硬；粗细均匀的叫砂岩，更细的叫粉砾岩，砂岩尤其是粉砾岩比较软。软弱的岩层更容易受到风化和侵蚀，形成与岩层一致的近水平凹槽或洞穴，坚硬的砾岩则突出为悬崖。日久天长，洞穴加深、扩大，上覆岩层失去重力平衡就会出现崩塌。所以，丹霞崖壁就是过去的崩塌面。如果洞穴进一步风化或被流水侵蚀，而穿透了某个山梁或石墙，在上部岩层比较完整的情况下可能会保存下来，就是天生桥或穿洞。

1938 年，我国著名地质学家陈国达教授在对丹霞山及华南地区的红石山地进行考察研究之后，首先提出了“丹霞地貌”这一术语，而后丹霞地貌逐渐成了地理学中的一个专有名词。它特指由中、新生代红色砂岩构成的具有特殊形态的山地地貌。世界上的丹霞地貌主要分布在中国、美国西部、澳大利亚、欧洲中部，其中又以中国分布最广。我国目前已发现的丹霞地貌区达 300 多处，广东丹霞山在规模和景色上都堪称最佳。在丹霞地貌分布区，往往石块离散，群峰成林，山顶平缓，山坡直立；赤壁丹崖上色彩斑斓，洞穴累累；山与山之间是高峡幽谷，清静深邃；山石造型丰富，变化万千。其雄险可比花岗岩岩石，奇秀不让喀斯特峰林。丹霞地貌分布区内往往都有河流穿过，丹山碧水相辉映，是构成风景名山的一个重要地貌类型。

拓展阅读

岩　层

覆盖在原始地壳上的层层叠叠的岩层，是一部地球几十亿年演变发展留下的“石头大书”，地质学上叫作地层。地层从最古老的地质年代开始，层层叠叠地到达地表。一般来说，先形成的地层在下，后形成的地层在上，越靠近地层上部的岩层形成的年代越近。

长白山

长白山地处吉林省东南部，位于延边朝鲜族自治州和白山地区境内。面积为8000多平方千米，宛如一条自东北往西南腾飞的巨龙，起伏绵亘在吉林省的东南部，并向东南延伸到朝鲜民主主义人民共和国境内。长白山为中国的著名山脉之一。在沧海桑田的历史演变中，地球内外引力相互作用，造就了雄壮巍峨的山体。长白山的主峰高出海平面2691米，是中国东北地区的最高峰。

长白山风光

长白山是一座在200万年前开始，中止于距今不到300年的时断时续、时猛时缓的休眠火山。其地貌为较典型的火山地貌景观，它自下而上由玄武岩台地、熔岩高原和火山锥体三大部分构成。在广阔的玄武岩台地和熔岩高原之上，耸立着雄伟壮观的长白山主峰——白头山。

白头山火山有过多次喷发，又有过较长时间的间歇，其最后一次猛烈喷发是在1702年。白头山火山喷出黏稠度较大的熔岩和各种火山碎屑物，堆积在火山口周围，使白头山山体高耸成峰。其中在海拔2500米以上的有16座。在我国境内由北向西有白岩峰、天文峰、龙门峰、鹿鸣峰、白云峰、青石峰6座山峰。其中白云峰海拔2691米，是我国东北地区的第一高峰。所有这些山峰都高耸入云，嶙峋突兀，气势磅礴。白头山经常是云雾弥漫，气候变幻无

白云峰

常。特别是夏季，好端端的艳阳天，却可以在骤然之间风云突变，雷雨交加，冰雹齐落。可过了一会儿，雨过天晴，山峦峻峭，林木苍秀，又江山如画了。

在白头山顶部的火山口，由于积水而形成了面积为 9.8 平方千米的天池。天池处于中朝两国边境，整个湖面呈椭圆形，像一块碧蓝的大宝石镶嵌在群峰之中。天池南北长 4.8 千米，东西宽 3.3 千米，周长为 13.1 千米，平均水深 204 米，最深处为 373 米，是我国最深的湖泊，其海拔为 2194 米，也是我国火山口湖海拔最高的一个。平时，湖中波光粼粼，清澈碧透，湖周岩壁陡峭，险峰林立，构成一幅赏心悦目的风景画卷。雨雾时，浪花翻卷，水天相连，茫茫沧海，云海翻卷如絮，美不胜收。天池风光瑰丽，水力资源丰富。其蓄水量为 20 亿立方米，是松花江、鸭绿江、图们江三江的水源。“三江”源远流长，千秋万代滋润着东北大地，造福于民。

在天池西岸的山峰上有金线、玉浆两个较大的山泉。两泉味美甘甜，终日潺潺不息地流入天池。“请君若到天池上，须把银壶灌玉浆”之言，惟妙惟肖地道出了两个山泉的甘味浓醇，诱人之至。

拓展思考

天文峰

天文峰位于天池北偏东，海拔 2670 米，是天池东侧最高峰。峰顶尖犹如鹰嘴一样，伸向天池，故也有鹰嘴峰之名。天文峰是由火山喷发物——浮石构成的山峰，灰白、浅黄的浮石塑造出峥嵘突兀的景象。

在白头山上，除天池以外，还有长白湖、玉池、圆池等小的火山口湖。长白湖在天池以北 4000 米之遥，周长为 260 多米，面积 5000 多平方米。湖面平静，水深幽蓝，山峰绕湖岸耸立，森林倒映湖底，风光迷人，有“小天池”之美称。圆池，又叫天女浴躬池，面积 1 万多平方米，传说是清皇室祖先的发祥地。

长白山天池

天池四周被群峰环绕，水由天文峰与龙门峰之间的唯一出口溢出，向北奔流在只有 1250 米长的乘槎河上。乘槎河的终端是高达 68 米的悬崖峭壁。天池水从断崖上急滚而下，一泻千里，形成了天池飞瀑。天池瀑布气势磅礴，雄伟壮观。晴日远眺，似玉带起舞，浪花吐雪，水雾弥漫，彩虹当空，飘彩流丹，山呼谷鸣，吸引着成千上万的游览者，成为驰名中外的古今奇观。

沿瀑布之水顺流而下，在近 900 米处，就是分布面积达 1000 多平方米的温泉群。温泉群的泉口比较集中，水温都在 60℃以上，有的高达 82℃，并保持常年不变。由于温泉水是从地壳深处涌出地表，所以泉里水珠翻滚，咕咕作响，泉表热气腾腾，蒸汽弥漫。

你知道吗

东北虎又称西伯利亚虎

东北虎又称西伯利亚虎，分布于亚洲东北部，即俄罗斯西伯利亚地区、朝鲜和中国东北地区，有 300 万年的进化史。东北虎是现存体重最大的猫科亚种，其中雄性体长可达 3 米左右，尾长约 1 米，体重达到 350 千克左右，体色夏毛棕黄色，冬毛淡黄色。

冬季的长白山虽然到处风吼雪滚，冰天冻地，可温泉附近却热气升腾，流水淙淙，树满雾凇，一派琼山玉阁的仙境风光。

另外，长白山的林海和大峡谷也是世界上难得一见的自然奇观。林海层次分明，非常壮观。林海中栖息着梅花鹿、东北虎等珍稀动物。大峡谷则是近年才发现的一大奇观，它的壮美不亚于美国的科罗拉多大峡谷。

火焰山

火焰山位于新疆吐鲁番盆地北缘，古书称赤石山。火焰山脉呈东西走向，东起鄯善县兰干流沙河，西止吐鲁番桃儿沟，长100千米，最宽处达10千米，一般高度在500米左右，最高峰在鄯善吐峪沟附近，海拔831.7米。火焰山重山秃岭，寸草不生。每当盛夏，红日当空，地气蒸腾，焰云缭绕，形如飞腾的火龙，十分壮观。

地质学家经研究发现，火焰山是天山东部博格达山坡前山带短小的褶皱，形成于喜马拉雅造山运动期间。山脉的雏形形成于距今1.4亿年前，基本地貌格局形成于距今1.41亿年前，经历了漫长的地质岁月，跨越了侏罗纪、白垩纪和第三纪几个地质年代。

火焰山

火焰山自东而西，横亘在吐鲁番盆地中部，为天山支脉之一。亿万年间，地壳横向运动时留下的无数条褶皱带和大自然的风蚀雨剥，形成了火焰山起伏的山势和纵横的沟壑。在烈日照耀下，赤褐砂岩闪闪发光，炽热的气流滚滚上升，云烟缭绕，犹如大火烈焰腾腾燃烧，这就是“火焰山”名称的由来。

火焰山葡萄沟

火焰山深居内陆，湿润气流鞭长莫及，难以进入，云雨稀少，十分干燥，太阳辐射被大气削弱少，到达地面热量多；地面又无水分供蒸发，热量支出少，地温升得很高，火烫的大地既可烙饼，又能烤熟鸡蛋；而大地又把能量源源不断地传给大气。加上火焰山地处闭塞低洼的吐鲁番盆地中部，一方面阳光辐射积聚的热量不易散失，另一方面沿着群山下沉的气流送来阵阵热风，由于焚风效应，更加剧了增温作用，以上种种，使这里形成名副其实的“火洲”。

由于地壳运动断裂与河水切割，火焰山山腹中留下许多沟谷，主要有桃儿沟、木头沟、吐峪沟、连木沁沟、苏伯沟等。而这些沟谷中绿荫蔽日，风景秀丽，流水潺潺，瓜果飘香。其中最著名的要数吐峪沟大峡谷了。吐峪沟大峡谷位于鄯善县境内火焰山中段，北起苏巴什村，南到麻扎村，两村间的峡谷长约 12.5 千米，大峡谷面积约为 12 平方

广角镜

鸭绿江名字的由来

鸭绿江是位于中国和朝鲜之间的一条界江。古称浿水，汉朝称为马訾水，唐朝始称鸭绿江（隋唐时期浿水为大同江），因其江水清澈，关于鸭绿江其名的来历流传着两种说法：一说因江水颜色似鸭头之色而得名；二说因上游地区有鸭江和绿江两条支流汇入，故合而为一，并称为“鸭绿江”。

千米。南北两端有简易的盘山公路相连通。南谷口西南距高昌古城 13 千米，位置优越。吐峪沟大峡谷内有火焰山的最高峰。吐峪沟大峡谷的东西两峰，素有“天然火墙”之称，温度最高时可达 60℃。

吐峪沟大峡谷浓缩了火焰山景观的精华。沟谷两岸山体本是赭红色，在阳光的照耀下便显得五彩缤纷，且色彩浓淡随天气阴晴雨雾而变幻万千。山涧小溪斗折蛇行向南流去，漫步谷底，溪流清澈。仰望千姿百态的五彩奇石，红、黄、褐、绿、黑等多种色彩杂陈于眼前。吐峪沟峡谷山体之奇、山岩之美、涧水之秀、珍果之甜，为其他峡谷所少有，被称为“火焰山中最壮美的峡谷”。

吐峪沟大峡谷底部的土壤呈黄红色。穿谷而过的天山雪水将黄红色的土壤冲出南谷口，在峡谷南端形成了肥沃的冲积平原。这种土壤最适宜培植无核白葡萄，所以葡萄最早落户中国正是在吐峪沟。这里是吐鲁番无核白葡萄的故乡，也是无核白葡萄的出口基地之一。这里出产的无核白葡萄颗粒最大、甜味最浓，素有“葡萄中的珍品”之美誉。

知识小链接

葡萄沟

葡萄沟位于新疆吐鲁番市区东北 11 公里处，南北长约 8 千米、东西宽约 2 千米，是火焰山下的一处峡谷。沟内有布依鲁克河流过，主要水源为高山融雪，因盛产葡萄而得名，是新疆吐鲁番地区的旅游胜地。2007 年 5 月 8 日，吐鲁番市葡萄沟风景区经国家旅游局正式批准为国家 5A 级旅游景区。

葡萄沟也是风景秀丽、瓜果飘香的沟谷之一。葡萄沟位于火焰山西端，沟中铺绿叠翠，景色秀丽，别有洞天，同火焰山光秃秃的山体形成鲜明的对照。葡萄沟内，两山夹峙，形成坡洼沟谷，中有湍急溪流。沟长 8000 米，宽

500 米，其间布满了果园和葡萄园。这里主要种植著名的无核白葡萄和马奶子葡萄，还有玫瑰红、喀什哈尔、比夫干、黑葡萄等优良葡萄品种。沟中的无核白葡萄晶莹如玉，堪称天下最甜的葡萄。葡萄沟的崖壁中渗出泉水，汇而成池，池水清澈。漫步于此地，令人有不知身在炎炎火焰山中之感。

珠穆朗玛峰

珠穆朗玛峰位于中国与尼泊尔交界处的喜马拉雅山脉中段，海拔 8844.43 米，有地球“第三极”之誉。山体呈金字塔状，山上有冰川，最长的冰川达 26 千米。山峰上部终年为冰雪覆盖，地形陡峭高峻，是世界登山运动员所瞩目和向往的地方。

珠穆朗玛峰

珠穆朗玛峰是典型的断块上升山峰。在其前寒武纪变质岩系基底和上覆沉积岩系间为冲掩断层带，早古生代地层即顺此带自北往南推覆于元古代地层上。峰体上部为奥陶纪早期或寒武—奥陶纪的钙质岩系（峰顶为灰色结晶石灰岩），下部为寒武纪的泥质岩系（如千枚岩、夹片岩等），并有花岗岩体、混合岩脉的侵入。始新世中期结束至海侵以来，珠穆朗玛峰不断上升，在新世晚期至今约上升了 3000 米。由于印度板块和亚洲板块以每年 5.08 厘米的速度互相挤压，整个喜马拉雅山脉仍在不断上升中。珠穆朗玛峰每年也增高约 1.27 厘米。

珠穆朗玛峰周围辐射状展布有许多条规模巨大的山谷冰川，长度在 10 千米以上的有18条。其中以北坡的中绒布、西绒布和东绒布三大冰川与它们的30多条中小型支冰川组成的冰川群为主。珠穆朗玛峰周围5000平方千米范围内的冰川覆盖面积约1600平方千米。在许多大冰川的冰舌区还普遍出现冰塔林，古冰斗、冰川槽形谷地、冰川或冰水侵蚀堆积平台、侧碛和终碛垄等古冰川活动遗迹也屡见不鲜。因寒冻风化强烈，峰顶岩石嶙峋，角峰与刃脊高耸危立，遍布着岩屑坡或石海。土壤表层反复融冻形成石环、石栏等特殊的冰缘地貌现象。

雪 豹

珠穆朗玛峰山体呈巨型金字塔状，威武雄壮，昂首天外。珠穆朗玛峰地形极端险峻，环境异常复杂。雪线高度：北坡为5800～6200米，南坡为5500～6100米。东北山脊、东南山脊和西山山脊中间夹着三大陡壁（北壁、东壁和西南壁），在这些山脊和峭壁之间又分布着548条大陆型冰川，总面积达1457.07平方千米，平均厚度达7260米。冰川的补给主要靠印度洋季风带两大降水带积雪变质形成。冰川上有千姿百态、瑰丽罕见的

趣味点击　雪 豹

雪豹感官敏锐，性机警，行动敏捷，善攀爬、跳跃。由于其粗大的尾巴做掌握方向的“舵”，它在跃起时可在空中转弯，因此其捕食的能力很强。性情凶猛异常，但在野外一般不主动攻击人。雪豹因为全身被有厚厚的绒毛，所以很耐严寒，即使气温在零下20多摄氏度时，也能在野外活动。叫声类似于嘶嚎，不同于狮、虎那样的大吼。

冰塔林，又有高达数十米的冰陡崖和步步陷阱的明暗冰裂隙，还有险象环生的冰崩雪崩区。

珠峰不仅巍峨宏大，而且气势磅礴。在它周围 20 千米范围内，群峰林立，山峦叠嶂。仅海拔 7000 米以上的高峰就有 40 多座，较著名的有南面 3000 米处的洛子峰（海拔 8463 米，世界第四高峰）和海拔 7589 米的卓穷峰，东南面是马卡鲁峰（海拔 8463 米，世界第五高峰），北面 3000 米是海拔 7543 米的章子峰，西面是努子峰（海拔 7855 米）和普莫里峰（海拔 7145 米）。在这些巨峰的外围，还有一些世界一流的高峰遥遥相望：东南方向有世界第三高峰干城章嘉峰（海拔 8585 米，是尼泊尔和锡金的界峰）；西面有海拔 7998 米的格重康峰、8201 米的卓奥友峰和 8012 米的希夏邦马峰。所有这些高峰形成了群峰来朝、波澜壮阔的景象。

珠峰保护区包含着世界最高峰——珠穆朗玛峰和其他 4 座海拔 8000 米以上的山峰。整个保护区划分为核心保护区、缓冲区和试验区三个类型。保护区地势北高南低，地形地貌复杂多样。区内生态系统类型多样，生物资源丰富，基本保持原貌。珍稀濒危物种、新种及特有种较多。初步调查共有高等植物 2348 种，哺乳动物 53 种，鸟类 206 种，两栖动物 8 种，鱼类 5 种。其中含有代表该地域特色的国家重点保护的珍稀濒危动植物 47 种，其中国家一级保护动植物 10 种、二级保护动植物 28 种。如雪豹、藏野驴、长尾叶猴等都是国家重点保护的动物，其中雪豹被确定为保护区的标志性动物。

富士山

富士山是日本第一高峰，世界著名的火山，位于本州岛中南部，跨静冈、山梨两县，距东京约 80 千米，为富士箱根伊豆国立公园的一部分，海拔 3776

米，山底周长125千米。富士山是一座比较年轻的休眠火山，其名字的发音“FUJI”，是来自日本少数民族阿伊努族的语言，意思是“火之山”或“火神”。富士山被日本人民誉为“圣岳”，是日本民族的象征。富士山对称的山形和终年积雪的山峰向人们展示着美的极致。

富士山乍一看对称得很“完美”，但严格来说它并非完全对称，这反而增加了它的魅力。富士山的各处山坡向上的坡度稍有不同，因此不是汇集在顶峰一个点上，而是汇集在一条曲折的水平线上。富士山的山坡倾斜度为45度，近地面时坡度减小，趋于平缓，山底几乎呈正圆形。富士山的四周有8座山峰围绕——剑峰、白山岳、久须志岳、大日岳、伊豆岳、成就岳、驹岳和三岳，它们统称“富士八峰”。

富士山

富士山的山峰终年积雪。在富士山周围100多千米以内，人们远远就可以看到那终年被积雪覆盖着的美丽的锥形轮廓，昂然耸立于天地之间，显得神圣而庄严。山体自海拔2900米处直到山顶，均为火山熔岩、火山砂所覆盖，是一片既无丛林又无泉水的荒凉地带。

富士山是一座休眠火山。据传是公元前286年因地震而形成的。自公元781年有文字记载以来，共喷发过18次，最后一次是1707年，此后变成休眠火山。山顶上有一个很大的火山口，像一只大钵盂，日本人称之为“御体”，它的直径有800米，深220米。由于火山口的喷发，富士山在山麓处形成了无数山洞，有的山洞至今仍有喷气现象。最美的富岳风穴内的洞壁上结满了钟乳石似的冰柱，终年不化，被视为罕见的奇观。山顶上有大小两个火山口，大火山口直径约800

米、深约200米。富士山的南麓是一片辽阔的高原地带，绿草如茵，是牛羊成群的观光牧场。山的西南麓有著名的白系瀑布和音止瀑布。

在富士山的北麓有5个湖排成弧形。这些湖也起源于火山活动，包括山中湖、河口湖、精进湖、本栖湖、西湖，统称为“富士五湖”。它们从东至西围绕着富士山，湖泊海拔都在820米以上。这里游艇穿梭，湖光山色交相辉映，是富士山著名的风景旅游区。富士五湖像镶嵌在山体上的一串明珠，其中山中湖面积最大，约为6.75平方千米；河口湖是五湖的门户，它是通往其他四湖的出发点，在这里可一览富士山的近貌及其在湖中的倒影，是富士山北边景色的点睛之笔；精进湖是五湖中最小的一个，它为树林、山冈所环绕，是观赏富士山南面风貌的理想地点；本栖湖是五湖中位置最靠西的一个，湖水深146米，深蓝澄清，终年不结冰；西湖南面有红叶谷，周围长满枫树，秋季景色十分迷人。

阿尔卑斯山脉

阿尔卑斯山脉是欧洲最高大、最雄伟的山脉。它西起法国东南部的尼斯，经瑞士、德国南部、意大利北部，东到维也纳盆地，呈弧形贯穿了法国、瑞士、德国、意大利、奥地利和斯洛文尼亚6个国家，绵延1200千米。阿尔卑斯山山势高峻，平均海拔约为3000米，海拔4000米以上的山峰有100多座。

在阿尔卑斯山脉的无限风光中，勃朗峰以其山峰壮景最为引人注目。勃朗峰位于法国东北部，接近意大利边境。勃朗峰海拔4810米，是阿尔卑斯山脉的最高峰，也是欧洲最高峰，享有“欧洲屋脊”之美称。此峰终年为白雪覆盖，“勃朗”在法语中即“白”的意思。皑皑的雪峰犹如教堂的圆顶，气势磅礴。勃朗峰那巨大的圆顶盖满着万年积雪，冰川向四周倾泻。勃森斯冰河犹如一条银龙，一直向下窜往沙木尼。勃朗峰四周的山峰，如剑如戟，似针似指，围着勃朗峰，竞出高寒，直插云霄。奇险之处若不是亲临，恐怕难以想象。雪峰、冰川、冰谷、云海，组成世间难得一见的宏伟山景。

勃朗峰

阿尔卑斯山脉另外一个著名的山峰是少女峰。少女峰位于瑞士因特拉肯市正南二三十千米处，海拔4158米，差不多是珠穆朗玛峰的一半，是伯尔尼高地最迷人的地方。这里终年积雪，如果天气晴朗，极目四望，景象壮丽。山间景色随着季节变化而变化：夏日融雪，便露出覆盖坚冰的石砾；早冬降雪，又把山坡变成白玉，愈发娇艳。

基础小知识

意大利

意大利位于欧洲南部，主要由靴子形的亚平宁半岛和两个位于地中海中的大岛西西里岛和撒丁岛组成。意大利在北方阿尔卑斯山地区与法国、瑞士、奥地利以及斯洛文尼亚接壤。1946年意大利共和国建立，正式规定绿、白、红三色旗为共和国国旗。该国首都为罗马，而米兰是世界时尚之都、都灵是意大利工业之都。

少女峰附近的主要山峰有3座，呈东西向排列。由东而西分别为艾格尔峰、教士峰和少女峰，三峰的高度分别为3970米、4099米、4158米。关于这3座山峰的名字有许多美丽的传说，少女峰也因此成为许多艺术家创作的素材。在海拔约4000米、总面积约470平方千米的广阔地域内，环绕着3座名峰的是一条瑞士最长的冰河——阿莱奇冰河。壮丽宏伟的山河可谓阿尔卑斯山脉创造的自然艺术。

冰　门

从自然保护的角度出发，1930年在阿莱奇地区设立了森林保护区，这在瑞士保护生态平衡运动中起了先驱的作用。当然，保存完好的阿尔卑斯山脉特有的高山植物或动物的生态系统也值得一提。这里是瑞士的第一个世界自然遗产。

在奥地利境内的阿尔卑斯山脉深处有一处冰洞奇观——冰像洞穴，它被人称为“冰雪巨人的世界”，是欧洲最大的冰穴网。冰穴内的柱廊犹如迷宫，而穴室长约40千米，一直伸展到奥地利萨尔茨堡以南，好像教堂一般宽阔。冰穴的入口处有一堵高达30米的冰壁，冰壁上面是迷宫般的地下洞穴和通道。冰的造型犹如童话故事里描述的世界，因此赢得了“冰琴”、“冰之教堂”等美称。

山的深处还有冰凝的帷帘悬垂着，称为“冰门”。在山的更高处，偶尔会有冰冷的气流夹着呼啸声，沿狭窄的洞穴通道吹过。“冰雪巨人”是水渗入到数万年前形成的石灰岩洞的结果。冰像洞穴位于海拔1500米以上，冬天穴内异常寒冷。春季的融水和雨水渗进洞穴里，瞬间便凝结成壮观的积冰造型。

阿尔卑斯山脉地处温带和亚热带纬度之间，成为中欧温带大陆性湿润气候和南欧亚热带夏干气候的分界线。在阿尔卑斯山区，因为四周有高山的保护，越深的山谷越干燥，越高的山峰则雨量越多。降雪量也是各地区不同。海拔700米的地区，有雪的日子每年约3个月；1800米地区，有雪的日子可达半年；2500 米地区，有雪的日子可达 10 个月，2800 米以上地区，则终年积雪。在冬天，阿尔卑斯山脉经常阳光普照，故此冬天是来阿尔卑斯山脉旅游的最佳季节。

比利牛斯山

雄伟壮观的比利牛斯山位于法国和西班牙两国交界处，是两国的界山。比利牛斯山是阿尔卑斯山脉向西南的延伸部分，西起大西洋比斯开湾，东迄地中海利翁湾南，长 435 千米，宽 80～140 千米。按自然特征分为三段：西比利牛斯山，自比斯开湾畔至松波特山口；中比利牛斯山，自松波特山口至加龙河上游河谷；东比利牛斯山，自加龙河上游河谷至利翁湾南，亦称地中海比利牛斯山。

比利牛斯山脉是欧洲西南部最大的山脉，东西走向，一般海拔在 2000 米以上，以海拔 3352 米的珀杜山顶峰为中心，面积达 30.639 万平方米。山体的轴部是强烈错动的花岗岩和古生代页岩、石英岩；两侧为中生代和第三纪地层；北部山坡是砾岩、砂岩、页岩。北部山坡的气候类型属于温带海洋性气候，年降水量为 500～2000 毫米，植被有山毛榉和针叶林。南部山坡则属于亚热带气候，年降水量为 500～700 毫米，植被类型为地中海型硬叶常绿林

广角镜

奥地利的自然地理

奥地利是位于中欧南部的内陆国，面积 83～858 平方千米，西部和南部是山区（阿尔卑斯山脉），北部和东北是平原和丘陵地带，47% 的面积为森林所覆盖。它东邻斯洛伐克和匈牙利，南接斯洛文尼亚和意大利，西连瑞士和列支敦士登，北与德国和捷克接壤。属海洋性向大陆性过渡的温带阔叶林气候。平均气温 1 月为 -2℃，7 月为 19℃。

珀杜山

和灌木林，具有明显的垂直变化规律。在海拔 400 米以下的地区，冬季气温为 -6℃ ~2℃，湿度小，有典型的地中海型植物石生栎、油橄榄、栓皮栎等；海拔 400 ~ 1300 米的地区，冬季气温在 -6℃ ~ -13℃间，降水量较多，是落叶林分布带；海拔 1300 ~ 1700 米的地区，冬季气温在 -13℃ ~ -16℃间，降水量多，是山毛榉和冷杉混交林带；海拔 1700 ~2300 米的地区，冬季气温在 -16℃ ~ -20℃间，是高山针叶林带；海拔 2300 米以上，是高山草甸；海拔 2800 米以上，为冰雪覆盖带。比利牛斯山脉蕴藏着丰富的矿藏：铁、锰、铝土、汞、褐煤等矿产丰厚。另外，山中风光优美、景色宜人，既是著名的旅游胜地，又是冬季登山滑雪的理想场所。

阿拉扎斯河谷是奥尔德萨和珀杜峰国家公园里的 4 个河谷之一，位于比利牛斯山脉中央，面积达 156 平方千米。

阿拉扎斯河谷

阿拉扎斯河谷的源头是瑰丽的索阿索冰斗，河谷峭壁上有马尾瀑布倾泻而下。索阿索冰斗是一个巨大的天然圆形洼地，在 1.5 万多年前由珀杜峰山坡上的冰川侵蚀而成。从索阿索冰斗再往上走是极富挑战性的小径，沿山谷的岩壁通向更荒凉的地方。登山者要借助打进岩石里的铁钉，才可通过险峻的山路。大自然漫长的侵蚀作用蚀掉了崖顶上一排排狭窄的石灰岩岩架。弗洛雷斯峰沿着阿拉扎斯河绵延近 3000 米，高达 2400 米，令人目眩。冒险登上去可欣赏令人心旷神怡的山谷全貌。山谷像条绿色飘带，从公园的嶙峋地貌中穿过。

知识小链接

比利牛斯山

比利牛斯山，位于欧洲西南部，山脉东起于地中海，西止于大西洋，分隔欧洲大陆与伊比利亚半岛，也是法国与西班牙的天然国界，山中有小国安道尔。在比利牛斯山中有比利牛斯山国家公园，成立于 1967 年，沿着法国和西班牙国界延伸 100 多千米。此地景致壮观，包括大量蝴蝶飞翔的草地和终年积雪的高山峰顶。海拔的高度和气候的变化颇大，因而区内拥有多样化的动植物。

奥尔德萨峡谷在比利牛斯山阿拉扎斯河谷处。山毛榉、落叶松和高耸的针叶树悬生在阿拉扎斯河两岸。湍急的河水流经连串的阶梯瀑布后，穿过奥尔德萨峡谷。在风景如画的河谷中，一列石灰岩峭壁巍然矗立，高约 600 米，上面布满槽沟，气势雄伟。阿拉扎斯河流的上游是处处砾石的牧场，山间生长着高山薄雪草、龙胆和银莲。

奥尔德萨峡谷是比利牛斯山羊的最后栖息地。岩架上可以见到敏捷的臆羚，有时还会见到稀有的黑山羊。雄黑山羊向后弯曲的羊角有 1 米长。这种山羊已濒临绝种。此外土拨鼠、狐狸、水獭、野猪和棕熊也生活在奥尔德萨峡谷。像麻雀般大小的攀壁鸟攀岩本领高强，在陡峭的山谷岩壁上猎取昆虫。这种鸟浑身灰褐色，在岩壁上不易被发现。但当它们振翅攀爬时，翅上鲜红的羽毛往往将它们暴露出来。

基础小知识

落叶松

落叶松为松科落叶松属的落叶乔木，是我国东北、内蒙古林区以及华北、西南的高山针叶林的主要森林组成树种，是东北地区大针叶用材林树种之一。落叶松的天然分布很广，它是一个寒温带及温带的树种，在针叶树种中是最耐寒的，垂直分布达到森林分布的最上限。

鲁文佐里山脉

鲁文佐里山脉是乌干达和刚果（金）两国边界上的山脉，南北长约 130 千米，最大宽度 50 千米，位于爱德华湖和艾伯特湖之间。鲁文佐里山脉位于赤道上的山峰终年积雪，幻妙的奇景被浓雾所遮盖。

鲁文佐里山脉能够显露出奇异的光芒，并不完全靠雪，岩石本身也发光，因为覆盖着花岗岩的云母片岩会发光，这是由地壳运动产生出的炽热和高压形成的。在地质学上，鲁文佐里山脉是由一块巨大的陆地向上隆起，然后剧烈倾斜而形成的。前后历时不到 1000 万年。就时间而论，其形成期并不长。因为它比较年轻，所以仍然十分嶙峋。6 座高山直插苍穹，都有冰川缓缓流入山谷。大山之间隔有隘口和深河谷，河谷上游有冰川和小湖，东侧雪线海拔 4511 米，西侧 4846 米。与多数非洲雪峰不同，它不是由火山形成

你知道吗

狐狸还有一个很好听的名字——红狐

狐狸，属于食肉目犬科动物。一般所说的狐狸，又叫红狐、赤狐和草狐。狐狸在野生状态下主要以鱼、蚌、虾、蟹、鼠类、鸟类、昆虫类小型动物为食，有时也采食一些植物。

的，而是一个巨大的地垒，最高点是斯坦利山的玛格丽塔峰，海拔5119米。

鲁文佐里山脉是非洲大陆很少几处有永久冰雪覆盖的山脉之一。气候随山体高度和朝向而变化，南坡高约2500米，较为潮湿，是降水最多的地区。每天的温度明显地变动于15℃～21℃之间。山顶终年笼罩在薄雾中。

山脉的最高点是玛格丽塔峰。沿山上行，生态环境的变化幅度很大，山脚下覆盖着茂密的草地。草地延伸的高度约为1200～1500米，在那里草地让位于高大的森林。这里的优势树种是雪松、樟树和罗汉松，它们生长的高度可达49米。雨林占优势的高度可上抵2400米，雨林在那里消失在竹林中。竹林生长得很密集，野兽和阳光都穿不透它。竹子可长至15米高。3000米以上是亚高山沼泽地带，占优势的是苔草和粗劣的生草草地，以及由刺柏和罗汉松组成的疏林。扭曲多节的树枝张灯结彩般装饰着苔藓、欧龙牙草、蕨类以及长长的彩带般的地衣，它们均在终年潮湿的大气中茁壮成长。这种戏剧性的虚幻效果，为它赢得“月亮山”的美名。

鲁文佐里山

知识小链接

苔　藓

苔藓植物是一种小型的绿色植物，结构简单，仅包含茎和叶两部分，有时只有扁平的叶状体，没有真正的根和维管束。苔藓植物喜欢阴暗潮湿的环境，一般生长在裸露的石壁上，或潮湿的森林和沼泽地。

再往高处走，4270 米以上，是由湖泊、冰斗湖、冰瀑和独特的植物群组成的高山带。长得低矮的草本植物通常在这里占很大比重。常见的树种有千里光、半边莲和金丝桃，它们均可长至 9 米高，而且有厚层软木般的树皮。这里的地表覆盖着厚厚的枯枝落叶层。在每根树枝的末端有由宽大的肉质叶片组成的莲座叶丛，叶面覆有细粉状的银毛。这些莲座叶丛围绕着敏感的生长点，当晚上气温骤降时，叶片包封住它以免受寒害。

山地大猩猩

在鲁文佐里山脉不仅仅植物区系具有独特性，众多的山坡也维持着一个复杂多样的动物区系。鲁文佐里山脉有不少于 37 种地方性鸟类和 14 种蝴蝶。鸟类包括奇异的红头鹦鹉和蓝冠蕉鹃。在森林中常能见到它们像一道彩色的闪光一样飞驰而过。鸟类的天敌很多，如黑雕、隼鹰。隼鹰还能捕食森林中的猴子。

你知道吗

过去大猩猩曾被认为是一种幻想的生物

大猩猩是灵长目猩猩科大猩猩属类人猿的总称。大猩猩是灵长目中最大的动物，它们生存于非洲大陆赤道附近的丛林中，食素。至 2006 年为止，依然有大猩猩分一种还是两种的争论，种以下它分 4～5 个亚种。大猩猩 92%～98% 的脱氧核糖核酸排列与人一样，因此它是继黑猩猩属的两个种后与人类最接近的现存的动物。过去大猩猩曾被认为是一种幻想的生物。

高大的森林也是多种哺乳动物的栖息地，包括象、黑犀牛、小羚羊以及肯尼亚林羚、黑疣猴、白疣猴和丛猴。难以捉摸的霍加皮（长颈鹿的亲属）、野猪、野牛在布满草和沼泽的较开阔的林间空地觅食。然而山地森林中最著名的栖息动物则是山地大猩猩，它是该生态条件下的特有种。现今尚存的野生山地大猩猩不足700只，非常珍稀，而且处于高度濒危状态。它们遭受着人类直接迫害和丧失生态环境的双重灾难。不像其近亲黑猩猩，山地大猩猩是一种安详的动物，除了植物的嫩芽和木髓外不吃其他东西，决不以任何肉类为补充食物。山地大猩猩约10只一群，以一只雌性或“银背”大猩猩（雄性）为主，带几只雌性和年幼大猩猩。山地大猩猩取食时，极具破坏性，一旦食毕，该地区似乎被劫掠一空，满目疮痍。但是，在其离开几个月后，山地大猩猩喜爱的植物会重新生长，且生机盎然。

蓝　山

蓝山位于悉尼以西65千米处，是澳大利亚南部新南威尔士州一处著名的旅游胜地。蓝山其实是一系列高原和山脉的总称。蓝山卡通巴附近，怪石林立，有三姐妹峰、吉诺兰岩洞、温特沃思瀑布、鸟啄石等天然名胜。

蓝山山脉国家公园占地近2000平方千米，以格罗斯河谷为中心，峰峦陡峭，涧谷深邃。山上生长着各种桉树，满目翠蓝。入秋，叶间丹黄，景色更美。桉树为常绿乔木，树干挺拔，木质坚硬，含有油质，可提取挥发油。其挥发的气体在空气中经阳光折射呈现蓝光，因而得名蓝山。

蓝山山区是由三叠纪块状坚固砂岩积累而成的，怪石嵯峨，曾是当时欧洲移民向西推进的障碍。1813年欧洲人布拉斯兰·劳森历经艰险跨越山区达到内地，入山处当时植有纪念树，至今残干尚存，是拓荒者的遗迹之一。这里气候宜人，曲径迤逦。蓝山城是旅游中心，这里有供游人观光用的高空索道和深入峡谷的电缆车，游人在车内可慢慢欣赏四周的悬崖峭壁、瀑布和深谷。此地亦是早期流放囚徒的场所，1831年由囚徒修建的哈特利法院遗址尚存，内有当年警察的徽章、通缉犯人的公告、刑椅、绞架以及牢房等。

三姐妹峰

三姐妹峰耸立于山城卡通巴附近的贾米森峡谷之畔，距悉尼约100千米，峰高450米。3块巨石拔地如笋，俊秀挺拔，如少女并肩玉立，故名“三姐妹峰”。传说此系巫医的3个美丽女儿的化身。为防歹徒加害，其父用魔骨将她们点化为岩石。其后巫医在与敌人的搏斗中丢失了魔骨，无法使她们复生。现在峰下常见琴鸟飞翔，传说这是巫医的化身，仍在寻找魔骨，以期复原女儿的真身。三姐妹峰险不可攀，1958年建筑的高空索道，是南半球最早建立的载客索道。

广角镜

关于琴鸟

雀形目琴鸟科的两种澳大利亚鸟，因求偶炫耀时尾羽展开的形状犹如一张竖琴而得名。鸣声亦悦耳。栖于澳大利亚东南部的林区，地栖。体褐色，色似雉鸡。共1属2种4个亚种。

蓝山山脉的温特沃思瀑布从悬崖上飞泻而下，落入300米深的贾米森谷底。从观瀑台上看过去，大瀑布像白练垂空，银花四溅，欢腾飞跃，气势磅礴。从观瀑台上回首西望，高原和山峰在云雾中时隐时现，虚无缥缈，景象奇特。

蓝山山区的吉诺兰岩洞经亿万年地下水流冲刷、侵蚀而形成，雄伟绮丽、深邃莫测。洞中有洞，主要有王洞、东洞、河洞、鲁卡斯洞、吉里洞、丝巾洞及骷髅洞。1838 年由欧洲人发现，1867 年被新南威尔士州政府列为保护区。洞内钟乳石、石笋、石幔在灯光的照射下闪烁耀眼，光怪陆离。王洞中的钟乳石又长又尖，向下伸展，与石笋相接。河洞中的巨大钟乳石形成“擎天一柱”，气势非凡；石笋巍峨似伊斯兰教寺院的尖塔，庄严肃穆。鲁卡斯洞的折断支柱，鬼斧神工，为大自然奇观。

琴鸟是蓝山山脉的一道独特景观，也是澳大利亚特有的动物。雄性琴鸟的尾巴羽毛酷似古时候西方的一种乐器——竖琴，因此人们把这种鸟称为琴鸟。

琴　鸟

琴鸟以雄琴鸟的艳丽尾羽而著名。但雄琴鸟表明自己所占的领地和吸引异性的炫耀行为，也同样精彩。雄琴鸟往往会因地制宜，就地取材，用林地上的废物堆成小丘，作为自己的表演舞台。琴鸟一面展尾开屏，亮出羽毛漂亮的银色底面，一面发出嘹亮的鸣叫声，并随着自己的旋律，载歌载舞。一只雄琴鸟所占领地，有时竟达方圆 200 多米。在领地内建造的表演舞台，有时竟有多达 10 余只的雄琴鸟轮流到各自的表演舞台“巡回演出”。雌琴鸟用树枝和苔藓建造圆顶的巢穴，内壁以树皮纤维筑成，然后再铺上一层羽毛。

琴鸟聪明伶俐，可以惟妙惟肖地模仿上百种鸟类或其他动物甚至人的声音。不论是雄鸟还是雌鸟，都非常善于模仿大自然的声音，但雄琴鸟在这方面的本领更胜雌琴鸟一筹。可以说，几乎没有什么声音是琴鸟不能模仿的，它们模仿其他动物的叫声逼真而神似，可谓不凡。有的林业工人报告说，琴鸟甚至可以模仿他们在森林中用电锯锯木头的声音。

鬼斧天工的地理奇观

水的变奏曲

GUIFUTIANGONG DE DILI QIGUAN

地球是一个多山多水的地方。从黄果树瀑布到天山天池，从著名的死海到广阔的亚马孙河，无论是山泉、湖泊、瀑布还是海洋，都证明了世界上水源的丰富以及大自然的鬼斧神工。接下来的这一章，我们就重点向大家介绍几处著名的山泉湖泊，希望通过这一章的介绍，能够使大家更加喜欢大自然，热爱大自然。

鸣沙山与月牙泉

鸣沙山月牙泉风景名胜区，位于甘肃省敦煌市城南 5 千米处。古往今来以“山泉共处，沙水共生”的奇妙景观著称于世，被誉为“塞外风光之一绝”。鸣沙山和月牙泉是大漠戈壁中一对孪生姐妹，“山以灵而故鸣，水以神而益秀”，人们无论从山顶鸟瞰，还是泉边畅游，都会骋怀神往，确有“鸣沙山怡性，月牙泉洗心”之感。

鸣沙山

鸣沙山因沙动成响而得名。山为流沙积成，沙分红、黄、绿、白、黑五色，汉代称沙角山，又名神沙山，晋代始称鸣沙山。鸣沙山东西绵亘约 40 千米，南北宽约 20 千米，主峰海拔 1715 米，沙垄相衔，盘桓回环。沙随足落，经宿复初，此种景观实属世界所罕见。

所谓鸣沙，并非自鸣，而是因人沿沙面滑落而产生鸣响，

趣味点击　《沙州图经》

又称《沙州志》。中国现存最早的图经。唐代无名氏作，编于开元年间。现存残卷，“首尾残缺，其存者长不逾三丈”。今有罗振玉《敦煌石室遗书》所收残卷影印本。除记载当地行政机构和区划外，对那里的天象、池水、渠、泽、堰、堤、驿、县学、社稷坛、杂神、寺庙、冢、古城、祥瑞、歌谣、古迹等都有不同程度的描述。清末于敦煌石室中发现。

是自然现象中的一种奇观，有人将其誉为“天地间的奇响，自然中美妙的乐章”。当人从山巅顺陡立的沙坡下滑，流沙似金色群龙飞腾，鸣声随之而起，初如丝竹管弦，继若钟磬合鸣，进而金鼓齐响，轰鸣不绝于耳。

自古以来，由于不明鸣沙的原因，产生过不少动人的传说。相传，这里原本水草丰茂，有位汉代将军率军西征，一夜遭敌军偷袭。正当两军厮杀得难解难分之际，大风骤起，刮起漫天黄沙，把两军人马全都埋入沙中，从此就有了鸣沙山。据《沙州图经》记载：鸣沙山“流动无定，俄然深谷为陵，高岩为谷，峰危似削，孤烟如画，夕疑无地”。这段文字描述了鸣沙山形状多变，是由流沙造成的。鸣沙山东西南北纵横的山体，宛如两条沙臂张伸围护着鸣沙山麓的月牙泉。

月牙泉，处于鸣沙山环抱之中，其形酷似一弯新月而得名，古称沙井，俗名药泉，自汉朝起即为“敦煌八景”之一，得名“月泉晓彻”。月牙泉南北长近100米，东西宽约25米，泉水东深西浅，最深处约5米，一弯清泉，涟漪萦回，碧如翡翠。泉在流沙中，干旱不枯竭，风吹沙不落，蔚为奇观。历代文人学士对这一独特的山泉地貌、沙漠奇观称赞不已。

月牙泉

流沙与泉水之间仅数十米。但虽遇烈风而泉却不被流沙所湮没，地处戈壁而泉水则不浊不涸。历来水火不能相容，沙漠、清泉难以共存。但是月牙泉就像一弯新月落在黄沙之中。泉水清凉澄明，味美甘甜，在沙山的怀抱中娴静地躺了几千年，虽常常受到狂风凶沙的袭击，却依然碧波荡漾，水声潺潺。

黄果树瀑布

黄果树瀑布是中国最大的瀑布，也是世界最壮观的大瀑布之一。它位于贵阳以西160千米的白水河上。黄果树瀑布落差74米，宽81米，河水从断崖顶端凌空飞流而下，倾入崖下的犀牛潭中，势如翻江倒海。瀑布水石相激，发出震天巨响，腾起一片水雾。迷蒙的细雾在阳光的照射下，又化作一道道彩虹，幻影绰绰，奇妙无穷。

黄果树瀑布群，是以著名的黄果树瀑布为中心的一个瀑布群体，由姿态各异的十几个地面瀑布和地下瀑布组成。瀑布群集中分布在约450平方千米区域内的贵州北盘江支流打邦河、白水河、灞陵河和王二河上。

黄果树瀑布群形成于典型的亚热带岩溶地区，统称“岩溶瀑布”。科学工作者经过考察把它们分为两种类型，即以黄果树大瀑布为代表的河流袭夺型瀑布，以关脚峡瀑布为代表的断裂切割型瀑布。黄果树瀑布群被称为“岩溶瀑布博物馆”。

黄果树瀑布群由于分布在岩溶洞穴、明河暗湖中，构成“瀑布成群、洞穴成串、星潭棋布、奇峰汇聚”的世界罕见的自然景观。黄果树瀑布群按地理位置和河流体系可划分为五大片

拓展阅读

白水河

白水河是一条由玉龙雪山融化的冰川雪水汇成的河流，沿着山谷层叠跌跃而下，水清澈墨绿，河床由沉积的石灰石碎块组成，呈灰白色，清泉流过，远看就像一条白色的河，因此而得名。据说白水河的水来自玉龙之口，带有灵性，还是一处爱情圣地。

区，即黄果树中心区、灞陵河区、天星桥区、关脚峡区和龙潭暗湖区。滴水滩瀑布位于灞陵河上游，距黄果树瀑布以西1000米。它由灞陵河上的一个支流突然坠落而成，由7级组成，总高达410米；最后一级为高滩瀑布，宽63米，高达130米，是瀑布群内最高的瀑布。雪白的瀑布飞流直下如一匹白练，与两旁黛青色山岩上的苔藓相互映衬，别具一格。天星桥瀑布区位于黄果树大瀑布下游6000米处，这里是石、树、水的美妙结合。

黄果树瀑布

数百年前明代著名地理学家徐霞客游至黄果树瀑布时曾这样描述：水自“溪上石漫顶而下”，“万练飞空”，“捣珠崩玉，飞沫反涌，如烟雾腾空，势甚雄厉，所谓珠帘钩不卷，匹练挂遥峰，具不足拟其状也”。黄果树瀑布的水，随季节变幻出种种迷人奇观。冬春季节水小时，瀑布铺展在整个崖壁上，不失其“阔而大”的气势，人们赞美它如银丝飘洒，豪放不失秀美；秋、夏水大时，如银河倾泻，奔腾浩荡，势不可挡，瀑布激起的水雾，飞溅100多米高，飘洒在黄果树街上，又有“银雨洒金街”的美称。

拓展阅读

玲珑秀美的天星桥

如果说黄果树瀑布的特点是气势磅礴，天星桥区则是玲珑秀美。风刀水剑刻就万倾盆景，根笔藤墨绘制千古绝画”的对联，概括了天星桥景区的神韵。这里有3个连接的片区，即天星盆景区、天星洞景区、水上石林区。

从正面看黄果树瀑布，景色壮丽，而在瀑布背后的洞穴里观瀑，却又是另一番景象。人们早知道瀑布背后的山腰上有洞穴，并称之为水帘洞。全国很多地方都有水帘洞，但像黄果树这样的水帘洞却是绝无仅有的。水帘洞长达134米，内有6个洞窗、5个洞厅和3股洞泉。在水帘洞里看彩虹，给人一种奇妙的感觉。从每个洞窗看，各有不同的景象。只要是晴天，上午9点到11点，在瀑布前一般都能看到彩虹，有时还可以看到“双彩虹”，前面一道长，后面一道短；前面一道色彩浓，后面一道色彩淡。黄果树地区除瀑布以外，还有许多奇特的洞穴。这些洞穴中堆积了千姿百态的滴石、边石，构成了一个奇妙的洞穴世界。

水帘洞

纳木错

纳木错是闻名西藏的三大圣湖之一，湖面海拔4718米，从湖东岸到西岸全长70多千米，由南岸到北岸宽30多千米，总面积为近2000平方千米，是我国第二大咸水湖，也是世界上海拔最高的咸水湖，最深处约33米上。纳木错藏语为“天湖”之意，位于藏北高原东南部，念青唐古拉山峰北麓，西藏自治区当雄和班戈县境内。纳木错湖湖水清澈透明，湖面呈天蓝色，水天相融，浑然一体，闲游湖畔，似有身临仙境之感。

纳木错是第三纪末和第四纪初，喜马拉雅造山运动凹陷而形成的大型构造断陷湖。后因青藏高原气候逐渐干燥，纳木错面积大为缩减。现存的古湖岩线有 3 道，最高一道距现在的湖面 80 余米。湖滨平原牧草良好，是天然的牧场。

此外还有 5 个半岛从不同的方位凸入水域，其中扎西半岛居 5 个半岛之冠。扎西半岛位于湖的东侧，像湖岸伸入湖中的一只拳头。远远望去，它是个小山包，由于山包中间明显裂开，人们说它是个卧佛，短的一段是脑袋，长的一段是身子，腿侧伸入湖中隐而不见。其实，这是个由石灰岩构成的约平方千米的半岛，由于湖水的侵蚀，分布着许多幽静的岩洞，形成了独特的喀斯特地貌。有的洞口呈圆形而洞浅短，有的溶洞狭长似地道，有的岩洞上面塌陷形成自然的天窗，有的洞里布满了钟乳石。岛上怪石嶙峋，峰林遍布，峰林之间还有自然连接的石桥。岛上地貌奇异多彩，巧夺天工，实属奇观。纳木错阴面有 18 道梁，阳面有 18 个岛。藏北牧人自豪地说：“纳木错美如画，阴有 18 道梁，最著名的山梁在阳面，阳面有 18 个岛，最著名的岛在阴面。”就是说在纳木错湖周围共有 18 道山梁，其中除多加山梁在阳面外，其余都在湖的阴面即南边。

纳木错

纳木错共有 18 个岛，其中除扎西岛在阴面外，其余诸岛均在阳面即纳木错湖的北边。虽然纳木错海拔达 4718 米，但岛上、湖滩上到处都生长着茂密的牧草和柏树林。湖岛上那些岩洞及树丛中还有极丰富的水生物，这些水生物给熊提供了一个理想的食物来源。

知识小链接

佛 教

佛教是世界三大宗教之一，由距今天3000多年古印度的迦毗罗卫国（今尼泊尔境内）王子所创，他的名字是悉达多，他的姓是乔达摩。因为他属于释迦族，人们又称他为释迦牟尼，意思是释迦族的圣人。佛教广泛流传于亚洲的许多国家，西汉末年经丝绸之路传入我国。

苍山洱海

苍山洱海位于中国云南省大理白族自治州，是古今旅游者所向往的地方。明代著名文人杨升庵描绘它“山则苍茏垒翠，海则半月掩蓝”，“一望点苍，不觉神爽飞越”。苍山洱海保护区地处滇中高原西部与横断山脉南端交汇处，主峰点苍山位于横断山脉与青藏高原的结合部，顶端保存着完整的典型冰融地貌，洱海为云南第二大淡水湖泊。苍山洱海山水相依，绵延40余千米，宛如一幅色彩鲜明的山水画卷。

苍山，又名点苍山，共有19座山峰，最高峰海拔4000多米。苍山景色向来以雪、云、泉著称。经夏不消的苍山雪，是素负盛名的大理“风花雪月”四景之最。在风和日丽的阳春三月，点苍山顶显得晶莹娴静，不愧是一个冰清玉洁的世界。点苍山的云变幻多姿，时而淡如青烟，时而浓似泼墨。在夏秋之交，不时出现玉带似的白云横束在苍翠的山腰，横亘百里，竟日不消，妩媚动人。

在苍山顶上，有着不少高山冰碛湖泊，湖泊四周是遮天蔽日的原始森林，还有18条小溪，泻于19座山峰之间，滋润着山麓坝子里的土地，也点缀了苍山的风光。苍山还是一个花团锦簇的世界。不仅有几十种杜鹃，而且有珍稀的此碧花和绣球似的马缨花等。

基础小知识

马缨花

又称“马缨杜鹃”，为杜鹃花科，杜鹃花属的一种。常绿灌木至小乔木，高3~8米，最高可达12米以上。树皮棕色，呈不规则片状剥裂，枝条直立，幼枝披灰白色绵毛。单叶革质，簇生于枝顶，叶柄长1~2厘米，被毡毛；叶片长圆状披针形，全缘微波状；叶面深绿色，无毛，无皱，背面淡棕色，密披灰白色至淡棕色海绵状薄毡毛，花簇生于枝顶，呈伞形花序式的总状花序，有花10~20朵，具毛，大而美丽。花冠钟状，深红色。

点苍山

苍山自然景观优美，风景名胜荟萃。如闻名遐迩的蝴蝶泉、奇险兼有的凤眼洞和龙眼洞、历史悠久的将军洞，以及南诏德化碑、感通寺、中和寺等文物古迹。山顶有绮丽的花甸坝子、洗马潭、黄龙潭、古代冰川遗迹等自然景观。古人将苍山多种自然景观概括为苍山八景，即晓色画屏、苍山春雪、云横玉带、凤眼生辉、碧水叠潭、玉局浮云、溪瀑丸石、金霞夕照。

洱海形成于距今1.2万多年前的大理冰期。当时，在大理附近发生了一次强烈地震，地壳断裂为一个大的内陆盆地，而后聚水成湖。洱海地区因受沿横断山脉北上孟加拉湾海洋风的侵袭，下关、大理一带经常刮风，所以湖面多浪。一遇大风，湖面波涛汹涌，呈现出“海”的幻觉。洱海是一个风光明媚的高原淡水湖泊，在古代文献中曾被称为“叶榆泽”、“昆弥川”、“西洱河”、“西二河“等。洱海水面海拔1900米左右，北起洱源县江尾乡，南止于大理市下关镇，形如一弯新月，南北长41.5千米，东西宽3～9千米，周长116千米，面积251平方千米。洱海属澜沧江水系，北有弥苴河和弥茨河注入，东南汇波罗江，西纳苍山十八溪水，水源丰富，汇水面积达2565平方千米，平均容水量为28.2亿立方米，平均水深10.5米，最深处达20.5米。湖水从西洱河流出，与漾江汇合注入澜沧江。

苍山下的洱海

洱海西面有点苍山横列如屏，东面有玉案山环绕衬托，空间环境极为优美，“水光万顷开天镜，山色四时环翠屏”，素有“银苍玉洱”、“高原明珠”之称。自古及今，不知有多少文人韵士写下了对其赞美不绝的诗文。南诏清平官杨奇鲲在其被收入《全唐诗》的一首诗作中描写它“风里浪花吹又白，雨中岚影洗还清”；元代郭松年《大理行记》又称它“浩荡汪洋，烟波无际”。凡此种种，不胜枚举。

洱海气候温和湿润，风光绮丽，景色宜人。巡游洱海，岛屿、岩穴、湖沼、沙洲、林木、村舍，各具风采，令人赏心悦目。古人将其概括为“三岛、四洲、五湖、九曲”。三岛为金梭

拓展阅读

澜沧江

澜沧江是湄公河上游在中国境内河段的名称，是中国西南地区的大河之一，是世界第九长河，亚洲第四长河，东南亚第一长河。澜沧江河源扎曲，发源于青海省玉树藏族自治州的杂多县吉富山，源头海拔5200米，主干流总长度2139千米，澜沧江流经青海、西藏和云南三省，在云南省西双版纳傣族自治州勐腊县出境成为老挝和缅甸的界河后始称湄公河。

岛、玉几岛、赤文岛；四洲为青莎鼻洲、大鹳溯洲、鸳鸯洲、马濂洲；五湖为太湖、莲花湖、星湖、神湖、渚湖；九曲为莲花曲、大鹳曲、蟠矶曲、凤翼曲、罗莳曲、牛角曲、波曲、高莒曲、鹤翥曲。随着四时朝暮的变化，各种景观呈现出万千气象。

苍山洱海自然保护区主要保护对象为高原淡水湖泊及水生动植物、南北动植物过渡带自然景观、冰川遗迹。区内具有明显的七大植物垂直带谱，保存着从南亚热带到高山冰漠带的各种植被类型，是世界高山植物区系最富有的地区。本区已鉴定的高等植物有 2849 种，其中国家重点保护植物 26 种，同时还是数百种植物模式标本的产地。苍山花卉品种繁多，云南的八大名花，即山茶花、杜鹃花、玉兰花、报春花、百合花、龙胆花、兰花、绿绒蒿，在苍山都能寻找到踪迹。其中，仅杜鹃花品种就有 41 种，从山脚直到海拔 4100 米的积雪地带，层层叠叠，成片成簇。苍山也是野生动物的乐园，这里气候适宜，植被茂密，至今还生活着鹿、麂、岩羊、野牛、山驴、野猪、狐、雉鸡以及少数的珍稀动物“麋鹿（四不像）”等。

你知道吗

麋鹿又称四不像

在中国，麋鹿又叫作四不像，被认为是一种灵兽。最为著名的形象是古典小说《封神演义》里姜子牙的坐骑四不像。

三江并流

三江并流是指金沙江、澜沧江、怒江从青藏高原并行从北至南奔腾而下，穿过大小雪山、云岭和怒山山脉，形成“三江并流，四山并立”的自然奇观。它涵盖于中国云南西北部的丽江市、迪庆藏族自治州和怒江傈僳族自治州。

国内外专家认为，三江并流地区是反映地球演化重大事件的关键区域，也是世界上生物多样性最丰富的地区之一，还是珍稀和濒危动植物的主要栖生地，这里自然景观类型之多、内容之丰富世所罕见。

三江并流地区风光

三江并流世界自然遗产核心区面积为1.7万平方千米，由高黎贡山、梅里雪山、哈巴雪山、千湖山、红山雪山、云岭、老君山、老窝山八大片区组成，每一个片区都分别代表了不同流域、不同地理环境下各具特色的生物多样性、地质多样性、景观多样性的典型特征，相互之间存在着在整体资源价值上的互补性和在典型资源类型上的不可替代性。

发生在4000多万年前的喜马拉雅造山运动，造就了举世罕见的三江并流自然奇观。据权威地质史资料记载，发生在4000多万年前的一次强烈地壳运动，使印度次大陆板块游离澳洲大陆而漂移，并与欧亚大陆板块大碰撞，引发了地球演化史上的喜马拉雅造山运动，三江并流就是远古地球陆地漂移碰撞的产物。如今号称“世界屋脊”的青藏高原，以及其南缘部分的云南三江并流地区，在远古洪荒时代还是波涛浩渺的古特提斯海（又称古地中海）的一部分。大碰撞引发了横断山脉的急剧挤压、隆升、切割，这里的岩石被挤碎、揉皱，造成变质重组，褶皱、断裂、节理、劈理等岩体构造变形现象格外引人注目，形成了“四山”（大小雪山、云岭、怒山、高黎贡山）并立、“三江”（金沙江、澜沧江、怒江）并流的独特自然奇观。

金沙江是三江之一。它发源于青海境内唐古拉山脉的各拉丹冬雪山北麓，是西藏和四川的界河。它在西藏的江达县和四川的石渠县交界处进入昌都地区边界，经江达、贡觉和芒康等县东部边缘，至巴塘县中心线附近的麦曲河口西南方小河的金沙汇口处入云南，然后在云南丽江折向东流，是长江的上游。金沙江在巴塘河口由上源通天河进入了川藏之间的高原地带时，在深山峡谷中一波三折、蜿蜒而去，呼啸在悬崖陡壁之间。这里属于地质学上的“三江褶皱带”，各山系平行绵延于一狭窄地带，高山峡谷相间，形势险要。在2308千米的流程中，河流下切形成的峡谷河道达2000千米，江面与两岸群山的高差多在1000～1500米。深切的金沙江，拥有众多呈羽毛状排列的支沟。沿江地貌陡峻而破碎，支沟下游多为峡谷、嶂谷或干热河谷。金沙江从石鼓突然急转北流约40千米后，在中甸县桥头镇闯进玉龙雪山和哈巴雪山之间，穿山削岩，劈出了一个世界上最深、最窄、最险的大峡谷——虎跳峡。江水在约30千米长的峡谷中，跌落了213米，江面最窄达30米，金沙江在这里展示了一种不可阻挡的英雄气概。

知识小链接

丽　江

丽江市，位于云南省西北部云贵高原与青藏高原的连接部位，北连迪庆藏族自治州，南接大理白族自治州，西邻怒江傈僳族自治州，东与四川凉山彝族自治州和攀枝花市接壤。

澜沧江是三江中的第二条大江。它系国际河流，在东南亚为湄公河，是亚洲流经国家最多的河。它流经中国、缅甸、老挝、泰国、柬埔寨和越南，在越南胡志明市附近注入南海，是世界第六大河，全长4900千米。国境处多年年平均水量约640亿立方米，为黄河的1.1倍。澜沧江在我国境内水能资源可开发量约为3000万千瓦。这条河在中国境内的流程为2198千米，境外长度为2711千米。澜沧江源区，河网纵横，水流杂乱，湖沼密布。澜沧江上游的杂曲河流经的地区有险滩、深谷、原始林区、平川，地形复杂，冰峰高耸，沼泽遍布，景致万千。

三江中的另外一条江就是怒江。怒江发源于青海唐古拉山南麓，流经西藏、云南，出国境穿过缅甸，最后注入印度洋。云南境内的怒江，奔腾于高黎贡山与碧罗雪山之间，两山海拔多在4000~5000米。怒江河床海拔仅800米左右，河谷与山巅等相差达3000~4000米，形成著名的怒江大峡谷。怒江大峡谷位于滇西横断山纵谷区三江并流地带，峡谷在云南段长达300多千米，平均深度为2000米，最深处在贡山丙中洛一带，深达3500米，被称为“东方大峡谷”。海拔4000多米的高黎贡山和碧罗雪山夹着水流汹涌的怒江，峡谷中险滩遍布，两岸山势险峻，层峦叠嶂。比较有名的景观有双纳洼地嶂峡、利沙底石月亮、月亮山、马吉悬崖、丙中洛石门关、怒江第一湾、腊乌崖瀑布、子楞母女峰、江中松等。

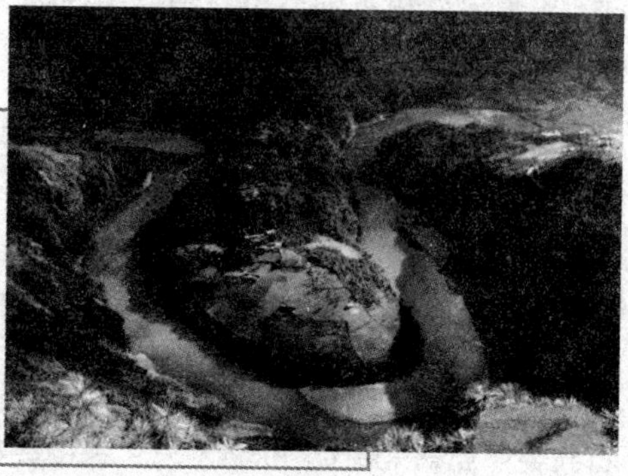

怒江大峡谷

拓展阅读

月亮山

月亮山位于广西壮族自治区桂林市阳朔县十里画廊景区末端。这里的风光古朴素雅、恬静安逸。月亮山上有一个天然的大石拱，两面贯通，远看酷似天上明月高挂。从不同的角度变换观看，此洞形状也不断变化。如果是开着车赏月亮山，那个石拱的形状会从弯弯的上弦月，逐渐变成半月、圆月，继而又变成下弦月，十分奇妙。

青海湖

青海湖是我国最大的内陆咸水湖，位于青海东北部，距西宁 150 千米，南北宽约 63 千米，周长约 360 千米，面积约 4500 平方千米，湖面海拔约 3200 米，平均水深近 20 米，蓄水量约 754 亿立方米。青海湖古称“西海”、“羌海”，又称“鲜水”、“鲜海”，汉代也有人称为“仙海”，从北魏起才更名为“青海”。

青海湖的春天

青海湖在不同的季节里，景色迥然不同。夏秋季节，当四周巍巍的群山和西岸辽阔的草原披上绿装的时候，青海湖畔山清水秀，天高气爽，景色十分绮丽。辽阔起伏的千里草原就像铺上一层厚厚的绿色的绒毯，那五彩缤纷的野花，把绿色的绒毯点缀得如锦似缎，数不尽的牛羊和膘肥体壮的骢马犹如五彩斑驳的珍珠撒满草原；湖畔大片整齐如画的农田麦浪翻滚，菜花泛金，芳香四溢；那碧波万顷、水天一色的青海湖，好似一泓琼浆在轻轻荡漾。而寒冷的冬季，当寒流到来的时候，四

拓展思考

鸟岛

中国，有很多叫鸟岛的岛屿，其中最著名的是青海湖鸟岛。青海湖鸟岛地处青海湖的西北部，面积 0.8 平方公里，近年来由于注入的水量少于蒸发量，湖水逐渐下降，基本上已成为半岛。

周群山和草原变得一片枯黄，有时还要披上一层厚厚的银装。每年 11 月份，青海湖便开始结冰，浩瀚碧澄的湖面，冰封玉砌，银装素裹，就像一面巨大的宝镜，在阳光下熠熠闪亮，终日放射着夺目的光辉。

在青海湖的西北隅，距入湖第一大河布哈河三角洲不远的地方，有两座大小不一、形状各异的岛屿，一东一西，左右对峙，傍依在湖边。远远望去，这两座岛屿就像一对相依为命的孪生姊妹，在湖畔相向而立，翘首遥望着远方。这两座美丽的小岛，就是举世闻名的鸟岛。

鸟岛，因岛上栖息着数以十万计的候鸟而得名。它们真实的名字，西边的小岛叫海西山，又叫小西山，也叫蛋岛；东边的大岛叫海西皮。海西山形似驼峰，面积原来很小，现在随着湖水下降有所扩大，岛顶高出湖面 7.6 米。岛上鸟类数量最多，有八九万只。这里是斑头雁、鱼鸥、棕颈鸥的世袭领地。每年春天，斑头雁、鱼鸥、棕颈鸥等一起来到这里，在岛上各占一方，筑巢垒窝。到了产卵季节，岛上的鸟蛋一窝连一窝，密密麻麻，数也数不清，所以，人们又把这里称为蛋岛，平时所说的鸟岛也主要是指这里。

海西皮东高西低，状如跳板，面积比海西山大 4 倍多。岛上地势较为平坦，生长着茂密的豆科禾、野葱等植物。岛的东部悬崖峭立，濒临湖面。岛前有一巨石突兀嶙峋，矗立湖中。四周波光岚影，颇为壮观。岛的西部是一缓坡，与海西山紧相毗连。海西皮为鸬鹚的王国，栖息的鸬鹚数以万计，它们在岩崖上筑满大大小小的窝巢。尤其是岛前的那块巨石之上，鸬鹚窝一个连一个，俨然一座鸟儿的城堡。

鸟 岛

鸟岛之所以成为鸟类繁衍生息的理想家园，主要是因为它有着独特的地理条件和自然环境。这里地势平坦，气候温和，三面绕水，环境幽静，水草茂盛，鱼类繁多。那些独具慧眼的鸟儿，根据自己的习性和爱好，在这里选择不同的地形地貌和生态环境，构筑自己的家园。鸟岛的鸟，大都是候鸟，每到春天，当印度洋上的暖流涌来时，侨居南亚诸岛的鸟禽便带着清新的气息，越过冰雪皑皑的喜马拉雅山向北迁徙。一路上，它们嘎嘎地欢叫着，日夜兼程。其中有的飞到青藏高原的江河湖泊，有的飞过沙漠到更远的地方，有的飞到青海湖鸟岛。它们一到这里，来不及洗去羽毛上的征尘，也顾不上安闲地歇息，便忙忙碌碌地衔草运枝，建造新居。这时候的鸟岛，简直是一片欢腾的世界、繁忙的世界、喧闹的世界。云集到岛上的数十万只鸟儿，从早到晚不停地起飞落下，落下又飞起。天上地下，岛上岛下，全是鸟儿们的身影。

喀纳斯湖

喀纳斯湖位于新疆布尔津县境北部，距县城 150 千米，是一个坐落在阿尔泰深山密林中的高山湖泊。“喀纳斯”是蒙古语，意为“峡谷中的湖”。喀纳斯湖湖面海拔 1374 米，南北长 24 千米，平均宽 1.9 千米，湖水最深 188.5 米，面积 44.78 平方千米。喀纳斯湖面碧波万顷，群峰倒映，湖面还会随着季节和天气的变化而时时变换颜色，是有名的“变色湖”。每至秋季湖边层林尽染，景色如画。

喀纳斯湖形成于距今 20 多万年前后，是第二次大冰期的巨大复合山谷冰川刨蚀而成的。当时，喀纳斯冰川长达 100 多千米，冰川厚度大约两三百米。冰川缓慢而稳定地退缩，在喀纳斯湖口留下了宽 1000 多米、高

50～70 米的终碛垄，而后即迅速地退缩，形成了现在喀纳斯湖的基础。喀纳斯湖区垂直自然景观带非常明显，在湖边就可看到阿尔泰山 7 个自然景观带的全貌，它们是黑钙土草甸草原带、山地灰黑土针阔叶林带、山地漂灰土针叶林带、亚高山草甸带、高山草甸带、冰沼土带和永久冰雪带。

喀纳斯湖有几大奇观。一是千米枯木长堤。这是喀纳斯湖中的浮木被强劲的谷风吹着逆水上漂，在湖上游聚堆而成的；二是湖中有巨型“湖怪”(近年有人认为是当地特产的一种大红鱼)，常常将在湖边饮水的马匹拖入水中，给喀纳斯平添了几分神秘色彩；三是雨过天晴时才有的喀纳斯云海佛光。

喀纳斯湖

喀纳斯湖四周群山环抱、峰峦叠嶂。整个地区峰顶银装素裹、森林密布、草场繁茂，山坡一片葱绿，湖面碧波荡漾。群山倒映湖中，蓝天、白云、雪岭、青山与绿水浑然一体，湖光山色美不胜收。这里垂直带谱明显，山巅银光闪烁，现代冰川雄伟壮观。本区冰川面积和冰储量分别占整个阿尔泰山的 74.46% 和 70.08%。山腰、山麓地带原始西伯利亚泰加林一片葱绿，绿草如茵，百花争艳。喀纳斯湖会随着季节和天气的变化时时变换着自己的颜色：或湛蓝，或碧绿，或黛绿，或灰白……有时诸色兼备，浓淡相间，成了有名的变色湖。

你知道吗

接骨木

中药名，有抗菌消炎、清热解毒、祛风除湿、活血止痛、通经接骨等功效，用于治疗各种炎症性疾病、风湿关节痛、腰腿痛、阑尾炎、急性蜂窝组织炎、肿瘤、跌打损伤、骨折等。

喀纳斯湖区为寒温带高寒山区，长冬无夏，春秋相连。7 月的平均气温为 15.9℃，无霜期达 80～108 天，年平均降水量达 1065.4 毫米，空气温凉，非常适宜寒温带林木的生长。这里是我国寒温带植物种类最多的地区，挺拔的落叶松、塔形的云杉、苍劲的五针松、秀丽的冷杉，以及婀娜多姿的欧洲山杨、疣枝桦等构成了植被的主体。全区森林覆盖率为 19.4%，在林业用地中，森林更高达 82%。经考查，喀纳斯湖区已知的植物有 83 科 298 属 798 种。这里的新疆五针松、新疆冷杉、灌木柳，以及西伯利亚花楸、接骨木、鹿根、小叶桦、阿尔泰大黄鸡腿参等是中国仅有的分布区。生活在喀纳斯湖区已知的兽类有 39 种，昆虫有 22 目 63 属 224 种。

喀纳斯湖东岸高大的陡崖旁，至今还有长几十米的羊背石。石上布满了丁字形冰川擦痕，更有趣的是，石上还留有古代游牧民族的岩画、石刻。画面共分两处，间隔距离 50 余米。第一处岩画在羊背石磨光的刻蚀槽内，图案有刺猬、野猪、山羊、雪鸡等动物造型。第二处岩画在羊背石背面的小陡坡上，图案清晰，分上下两排，以马、羊、狼、鹿等动物图案为主。最大的一幅为梅花鹿图案，鹿角向上，眼睛俯视前方。岩画雕刻手法拙朴、造型逼真，是游牧民族生活的真实写照。

天山天池

天山天池古称“瑶池”，是我国著名的风景游览区。天池位于新疆阜康市城南西博格达峰的群山之中，海拔 1980 米，长 3400 米，最宽处约 1500 米，最深处达 105 米。这里，群山环抱一潭碧水，雄伟挺拔的雪峰倒映在池水中，湖光山色，浑然一体。满山苍松叠嶂，郁郁葱葱，一望无际。林间花草丛生，毡房点缀，羊群遍野。

天山天池

天池属冰碛湖。早在2.8亿年前的古生代，这里曾是汪洋大海。后来，由于地壳的频繁活动、海底火山的不断喷发和华力西造山运动，海底崛起成为陆地，形成博格达山的原始轮廓。中生代以后的燕山运动又使博格达山再次隆起。新生代时期，山地大幅度断块上升，形成了今天的博格达山脉，湖水退到现在的山前盆地。第四纪大冰期以后，气候转暖，冰川逐渐消退，天池就是在冰川消退回缩、融水下泄时所挟带的岩屑巨砾逐渐停积阻塞成垅、积水成湖的。

天池的气候别具一格。新疆远离海洋，位于大陆腹地，但天池却冬暖夏凉，雨水充足，接近海洋性气候。它没有四季之分而以0℃为界，零上气温7个月，零下气温5个月。最热的7月，气温不过15℃，最冷的1月，气温也不过零下12℃左右。气象学家将这种高处暖、低处冷的温度分布称作“逆温”，这是由盆地的地形特色造成的。

天池风景区，以天池为中心，融森林、草原、雪山、人文景观于一体，形成别具一格的特色风光。它北起石门，南

趣味点击

马牙山

马牙山乱石争奇，叠岩竞秀，令人目眩神迷。马牙山这种景观是岩石风化作用造成的。哈萨克人把马牙山称为“玛依阿散”，意思是酥油之山。马牙山山顶比较平坦，是一片肥美的草原，夏季长满了酥油草，盛开着各色鲜花。站在这里环顾四周，北面的天池风光尽收眼底，东面的博格达峰和南面的雪山云雾似乎近在咫尺，而西面乌鲁木齐的舍田边也历历在目。

到雪线，西达马牙山，东至大东沟，总面积达 160 平方千米。立足高处，举目远望，那一泓碧波高悬半山，就像一只玉盏被巨手高高擎起。

天池湖水清澈碧透，四周群山环抱，青峦拔翠，幽谷深壑，湖滨绿草如茵。这里气候湿润，降水充沛，年降雨量在 500 毫米左右。盛夏，戈壁酷暑难熬，而天池却空气清新、凉爽宜人。七八月份，夜晚房间还要生火取暖，故有“早穿皮袄午穿纱，抱着火炉吃西瓜”的绝景。

天池的秀丽风姿引人入胜。天池湖面平静，湖中游艇荡漾，四周雪峰环列、云杉参天。在百花盛开的草地上，毡房点点，炊烟袅袅。游人在此可登高山、穿密林，俯览天池全景，也可泛舟湖面，饱览湖光山色。雪天天池银装素裹，远望博格达峰皑皑白雪，别有一番情趣。天池共有三处水面，除主湖外，在东西两侧还有两处水面，东侧为东小天池，古名黑龙潭，位于天池东 500 米处，传说是西王母沐浴梳洗的地方，故又有“梳洗涧”、“浴仙盆”之称。潭下为百丈悬崖，有瀑布飞流直下，恰似一道长虹从天而降，煞是壮观。西侧为西小天池，又称玉女潭，相传为西王母洗脚处，位于天池西北 2000 米处。西小天池状如圆月，池水清澈幽深，塔松环抱四周。如遇皓月当空，静影沉壁，清景无限，因而得一景叫“龙潭碧月”。西小天池侧也飞挂一道瀑布，高数十米，如银河落地，吐珠溅玉，这一景曰“玉带银帘”。池上有闻涛亭，登亭观瀑别有情趣。眼可见帘卷池涛，松翠水碧；耳可闻水击岩穿，声震裂谷。

天山天池不仅山水风光秀美瑰丽，还有许多珍奇的动植物，其中最惹人喜爱的是被称作“高山玫瑰”的雪莲。雪莲多开放在高山的雪线以上，可从盛夏开花直到深秋，即使是在雪花纷飞中照样怒放。它傲霜斗雪的禀性和顽强的生命力赢得了人们的赞叹。雪莲可入药，当地人民喜欢以雪莲烹煮食物，强身健体，延年益寿。

维多利亚瀑布

维多利亚瀑布位于非洲南部赞比西河中游的巴托卡峡谷区，地跨赞比亚和津巴布韦两国。维多利亚瀑布是世界最大的瀑布之一。瀑布落差 106 米，宽约 1800 米，瀑布带所在的巴托卡峡谷绵延长达 130 千米，共有 7 道峡谷，蜿蜒曲折，成“之”字形，是罕见的天堑。在离瀑布 40 ~ 65 千米处，人们可看到升入 300 米高空如云般的水雾；在远方还未见到瀑布时，就能听到水的轰鸣声。当地人称该瀑布为“莫西奥图尼亚”，意思是“雷鸣之烟”。

赞比亚的中部高原是一片 300 米厚的玄武熔岩；熔岩于两亿年前的火山活动中喷出，那时还没有赞比西河。熔岩冷却凝固，出现格状的裂缝，这些裂缝被松软的物质填满，形成一片大致平整的岩席。约在 50 多万年前，赞比西河流过高原，河水流进裂缝，冲刷裂缝的松软填料，形成深沟。河水不断涌入，激荡轰鸣，直至在较低的边缘处找到溢出口，注进一个峡谷。第一道瀑布就是这样形成的。这一过程并没有就此结束，在瀑布口下泻的河水逐渐把岩石边缘最脆弱的地方冲刷掉。河水不断地侵蚀断层，把河床向

维多利亚瀑布

上游深切，形成与原来峡谷成斜角的新峡谷。河流一步步往后斜切，遇到另一条东西走向的裂缝，把里面的松软填料冲刷掉。整条河流沿着格状裂缝往后冲刷，在瀑布下游形成“之”字形峡谷网。

赞比西河接近瀑布时，河水在巴托卡峡谷突然折转向南，从悬崖边缘下泻，形成一条长长的白练，以无法想象的磅礴之势翻腾怒吼，飞泻至狭窄嶙峋的陡峭深谷中。整个瀑布被巴托卡峡谷上端水面的 4 个岛屿划分为 5 段。最西一段被称为“魔鬼瀑布”，此瀑布以排山倒海之势，直落深谷，轰鸣声震耳欲聋。该地段宽度只有 30 多米，水流湍急，即使旱季也不减其气势。与魔鬼瀑布相邻的是主瀑布，流量最大，高约 93 米，中间有一条缝隙。主瀑布东边是南玛卡布瓦岛，旧名利文斯敦岛。因当年英国传教士利文斯敦乘独木舟到达此岛而得名。而南玛卡布瓦岛东边的一段瀑布被称作“马蹄瀑布”。再往东去，是维多利亚大瀑布的最高段，在此段峡谷之间，水雾飞溅，经常会出现绚丽的七色彩虹，被称为“彩虹瀑布”。维多利亚大瀑布最东面的是“东瀑布”，它在旱季时往往是陡崖峭壁，雨季才挂满千万条素练般的瀑布。大瀑布的第一道峡谷东侧，有一条南北走向的峡谷，峡谷宽仅 60 多米。整个赞比西河的巨流就从这个峡谷中翻滚呼啸狂奔而出。峡谷的终点，被称作“沸腾锅”。这里的河水宛如沸腾的怒涛，在天然的“大锅”中翻滚咆哮，

拓展思考

彩虹的古代观测

早在中国唐代时，精通天文历算之学的进士孙彦先（孙思恭）便提出“虹乃与中日影也，日照雨则有之”的说法，已解释了彩虹乃是水滴对阳光的折射和反射。孙彦先的发现后来也被宋代沈括的《梦溪笔谈》所引用及证实，且沈括也细微地观察到虹和太阳的位置与方向是相对的现象。孙彦先和沈括等人对虹的这些发现比西方早了几百年。

水沫腾空达 300 米高。

峡谷东部有处景观叫“刀尖角”，是突出于峡谷之中的三角形半岛，该地中途骤然收窄，直至成刀尖点。从刀尖角到对岸有 30 多米的间隔，在 1969 年建有一座宽 2 米的小铁桥用来沟通峡谷两岸。铁桥飞架在急流之上，名叫“刀刃桥”。这是一处令人心惊胆战的最佳观景点。漫天的巨涛从前面扑来，万丈巨崖都在抖动，不但壮丽，而且震撼人心。

居住在维多利亚瀑布附近的科鲁鲁族人，非常惧怕维多利亚瀑布，从不敢走近它。邻近的汤加族人则视瀑布为神物，把彩虹视为神的化身。他们每年都在东瀑布举行仪式，宰杀黑牛祭神。

死　海

死海位于西亚以色列、巴勒斯坦和约旦之间的约旦—死海地沟最底部。约旦—死海地沟约长 560 千米，是东非大裂谷的北部延伸部分，这是一块下沉的地壳，夹在两个平行的地质断层崖之间。死海是地球的最低点，海拔负 400 米。死海因地势特低而积聚大量的矿物质，自古被称为咸海，其海水盐分是一般海水的 6 倍，能产生极大的浮力，有治疗皮肤病的效用。

死海南北狭长，面积 1000 多平方千米，湖面低于地中海海平面 392 米，是世界上最低的洼地。湖水平均有 146 米深，最深的地方有 400 米，所以湖底最深的地方，已经在海平面以下 700 多米了。

死海的北面有约旦河流入，南面有哈萨河流入，但是，却没有水道和海洋通连，湖里的水只进不出。由于死海所在地区炎热干燥，气温高，蒸发强烈，水分蒸发后盐分却留了下来。年深日久，湖中积累的盐分就越来越多了，使死海变成世界上最咸的湖泊，含盐量高达 25%～30%。就是说 5 千克湖水中含有1千克盐，是一般海水含盐量的6~7倍。

知识小链接

约旦河

约旦河源于叙利亚境内的赫尔蒙山，向南流经以色列，在约旦境内注入死海，全长360多公里，它是世界上海拔最低的河。

由于含盐量高，湖水的比重超过了人体的比重，所以在死海中游泳的人平躺在水面上也不会下沉，甚至可以躺在水面上静静地看书。因为死海中含盐量太大了，所以湖水里除了某些细菌以外，其他生物都不能生存，沿岸草木也很稀少，湖泊周围死气沉沉，大家也就把它叫作“死海”。

死海的形成，是由于流入死海的河水不断蒸发、矿物质大量沉积的自然条件造成的。原因主要有两个：其一，死海一带气温很高，夏季平均可达34℃，最高达51℃，冬季也有14℃~17℃。气温越高，蒸发量就越大。其二，这里干燥少雨，年均降雨量只有50毫米，而蒸发量则是140毫米左右。晴天多，日照强，雨水少，补充的水量微乎其微，死海变得越来越“稠”，沉淀在湖底的矿物质越来越多，咸度越来越大。于是，经年累月，便形成了世界上最咸的咸水湖——死海。

游客躺在水上看书

其实，死海是个大盐库，光是食盐的蕴藏量，据说就足够全世界的60亿人吃2000年。此外，死海中还含有多种盐类，如氯化镁、氯化钙、氯化钾、溴化镁、溴化钾等等，都是重要的化学原料。近年来，死海沿岸兴建了一些化工厂，开发这些宝贵的天然资源。在死海沿岸，盐堆积成奇怪的形状，看上去很像雪人。

人们还在死海发现了《旧约全书》的抄本，人们称之为“死海古卷”。死海古卷远在公元前1世纪的时候就被藏在死海西北的山洞中。因为这个地方离死海很近，所以就称这本古卷为死海古卷。它是在1947年才被发现的。古卷被抄在羊皮上面，距离今天大约有2000多年。

亚马孙河

在南美洲安第斯山脉中段科罗普纳山的东侧，有一股涓涓细流，顺着山脉东麓古老岩石的表面向北流，在秘鲁伊基托斯市以北转而向东。一路上它汇聚了成千上万条支流，形成一股势不可挡的滚滚洪流，日夜不息地倾入大西洋。它就是世界第一大河——亚马孙河。亚马孙河是拉丁美洲人民的骄傲。它浩浩荡荡，千回万转，蜿蜒流经南美洲的8个国家和1个地区，滋润着700多万平方千米的广阔土地。拉丁美洲人民自豪地说：“安第斯山是我们的矛，亚马孙河是我们的盾。”

亚马孙河的名字与一个希腊神话有关。相传，在黑海高加索一带有个叫亚马孙的女人国，妇女们勇敢强悍。当初西班牙殖民主义者来到亚马孙河流域，发现当地居民像亚马孙女人国的妇女一样勇敢顽强，是一个不甘屈服于外来侵略势力的民族。而源远流长的亚马孙河神秘莫测，也难以驯服，于是这条河流被称为“亚马孙河”。亚马孙河是世界上流量最大、流域面积最广的河流，全长6751千米，沿途接纳约1000条支流，其中长度在1500千米以上的大支流就有17条，流域面积达705万平方千米，约占南美大陆总面积的40%。多年来，国际地理学界一直认为埃及的尼罗河是世界最长的河流。但美国地质、地理学家经过反复测定，认为亚马孙河超过了尼罗河，是世界上最长的河流。

亚马孙热带雨林

亚马孙河流域的热带雨林大部分位于巴西境内，所在地区的海拔大多低于 200 米。这里雨量充沛，加上安第斯山脉冰雪消融带来大量河水，每年有大部分时间被洪水淹没。亚马孙河流域地处赤道附近，气候炎热潮湿，雨量充沛，年平均温度在 25℃ ~ 27℃，年平均降水量在 1500 ~ 2500 毫米。这种气候条件很适宜各种热带植物的生长。亚马孙河流域是一座巨大的天然热带植物园。据统计，这一地区的植物品种不下 5 万种，其中已经做出分类的就有 2.5 万多种。茂密葱茏的林海覆盖了整个亚马孙河流域，以至它的一些支流至今还没有被发现。1976 年，巴西空军用红外线从空中拍摄了亚马孙河流域的照片，通过对照片的分析，竟意外地发现了一条长达 600 千米的河流。这条河流由于被密密的森林和浓重的雾霭所遮盖，一直没有被人发现。

亚马孙河流域的动物种类也很丰富，有不少珍禽异兽，主要有美洲豹、貘、犰狳、树豪猪等。这一地区森林茂密，再加上河滩地带定期泛滥，这种特殊的地理环境迫使这里的动物必须学会攀援树木或者葛藤，而树枝和葛藤是经受不住过于笨重的动物的。因此，亚马孙地区的哺乳动物一般体形都比较小，而且大多数生活在树上，例如树懒、猿猴、小食蚁兽、负鼠、蝙蝠等。这里大小河流纵横交错，为淡水鱼和各种水栖动物提供了一个自由的乐园。

亚马孙河主流和支流中的鱼种多达 2000 种，这里有长约 4 米、重 200 千克的皮拉鲁库鱼，有带有发电器官的电鳗和电鲶。巨龟和龟蛋是当地居民的主要食品之一。龟蛋可以制成龟油。两栖类动物中最著名的是树蛙和负子蟾。有一种牙齿锐利非常的食人鱼，体长仅 20 ~ 40 厘米，形似鲳鱼，非常嗜血，一旦有一只动物被一条食人鱼咬出血，成百上千条食人鱼就会闻到味而扑来抢食。据说，它们袭击牛、马需要15分钟，而吃人仅需5分钟。这一地区现在已经知道的鸟类就约有1500种。昆虫的种类不计其数，光是蚂蚁就有5000种。这里昆虫的特点是体形特别大，例如黑蚁长达4厘米；有一种夜蝶的翅膀，长达27厘米；还有一种长达20～30厘米的大蜘蛛，靠张网捕鸟为生。

树　獭

知识小链接

蝙　蝠

蝙蝠是翼手目动物的总称，翼手目是哺乳动物中仅次于啮齿目动物的第二大类群，现生物种类共有19科185属962种，除极地和大洋中的一些岛屿外，分布于全世界。蝙蝠主要依靠回声来辨别物体，有一些种类的面部进化出特殊的增加声呐接收的结构，如鼻叶、脸上多褶皱，有复杂的大耳朵。蝙蝠在中国传统文化中象征“福气”。

尼亚加拉大瀑布

尼亚加拉瀑布是世界知名的三大瀑布之一。“尼亚加拉”在印第安语中意为“雷神之水”。印第安人认为瀑布的轰鸣就是雷神说话的声音，因为瀑布巨大的水流以银河倾倒、万马奔腾之势直捣河谷，咆哮呼啸，如阵阵闷雷，声及数里之外。尼亚加拉河左濒加拿大，右接美国，从伊利湖蜿蜒流向安大略湖，全长57.6千米。上游地势平坦，水流缓慢，及至中游，河面陡落48米，河水在此垂直下泻，形成巨瀑，这就是著名的天下奇观——尼亚加拉瀑布。

尼亚加拉瀑布宽 1240 米，平均落差 55 米，最大流量达每秒 6700 立方米，将近黄河水量的 3 倍。伊利湖水流入比它低 100 多米的安大略湖，途经地表石灰岩断层形成巨大的落差，造就了尼亚加拉瀑布奇观。据科学家考证，尼亚加拉瀑布已经有 1 万多年的历史。参观尼亚加拉瀑布最好的时间是每年 7 ~ 9 月，因为这时的水量最大。伊利湖水经过河床绝壁上的山羊岛，被分隔成两部分，分别流入美国和加拿大，形成大小两个瀑布。小瀑布称为“美国瀑布”，在美国境内，高达 55 米，瀑布的岸长达 328 米。大瀑布称为“加拿大瀑布”或“马蹄瀑布”，形状有如马蹄，在加拿大境内，高达 56 米，岸长 675 米。

尼亚加拉大瀑布

小瀑布因其极为宽广细致，很像一层新娘的婚纱，故又称为“婚纱瀑布”。由于湖底是凹凸不平的岩石，因此水流呈漩涡状落下，与垂直而下的马蹄瀑布大不相同。这里也成为了情侣幽会和新婚夫妇度蜜月的胜地。

马蹄瀑布水量极大，水从 50 多米的高处直接落下，气势有如雷霆万钧，溅起的浪花和水汽，有时高达 100 多米。当阳光灿烂时，便会营造出美丽

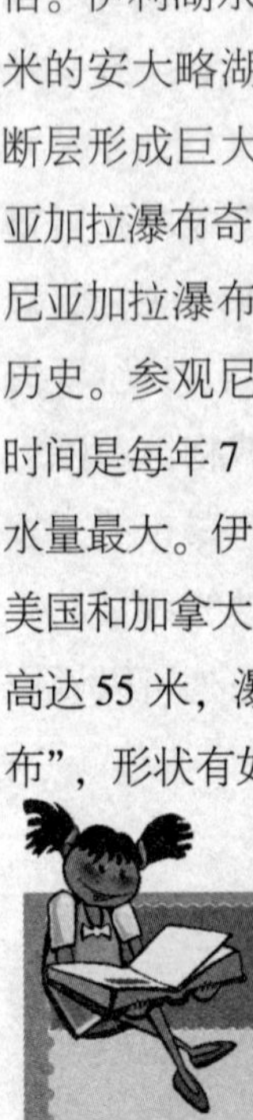

拓展阅读

印第安人

印第安人是对除爱斯基摩人外的所有美洲原住民的总称。美洲土著居民中的绝大多数为印第安人，分布于南北美洲各国，传统将其划归蒙古人种美洲支系。印第安人所说的语言一般总称为印第安语，或者称为美洲原住民语言。印第安人的族群及其语言的系属情况均十分复杂，至今没有公认的分类。

的七色彩虹。人稍微站得近些，便会被浪花溅得全身是水。若有大风吹过，水花可溅得更远，如同下雨一般。冬天，瀑布表面会结成一层薄薄的冰。只有在这时，瀑布才会寂静下来。

尼亚加拉瀑布是一幅壮丽的立体画卷，从不同的角度观赏，会有不同的感受。正如西方著名文学家狄更斯用那充满哲理的语言所表达的："尼亚加拉瀑布优美华丽，深深刻上我的心田；铭记着，永不磨灭，永不迁移，直到她的脉搏停止跳动，永远，永远。"

在尼亚加拉大瀑布下面有一座同名博物馆。据说尼亚加拉大瀑布博物馆是北美最早的博物馆。1819 年美、加在此划定边界后，1828 年英国收藏家就在这里建立了这座博物馆。1998 年，该馆拍卖了其他藏品，只留下尼亚加拉大瀑布的有关文物和资料，展出规模也因此缩小了。博物馆的陈列向人们展示了 1.2 万年前这个大瀑布形成的地质历史，以及对瀑布的开发和参观游览盛况。许多艺术照片真实地再现了 7000 立方米/秒的流量从千余米宽的崖岸上跌落下来的人间奇景。这个袖珍型的博物馆陈列可以说应有尽有。

峡谷和岩洞

GUIFUTIANGONG DE DILI QIGUAN

三峡是万里长江中一段壮丽的大峡谷，为中国十大风景名胜之一。它西起重庆市奉节县的白帝城，东至湖北省宜昌市的南津关，由瞿塘峡、巫峡、西陵峡组成，全长192千米。它是长江风光的精华，神舟山水中的瑰宝，古往今来闪耀着迷人的光彩，自古以来被人们传颂！

当然本章并不单单描写长江三峡的壮丽景观，还描写了东非大裂谷、科罗拉多大峡谷以及布莱斯峡谷、死谷等多个峡谷与岩洞，让你足不出户就能感受到那来自于峡谷与岩洞的奥秘与传奇。

长江三峡

三峡是万里长江中一段壮丽的大峡谷，为中国十大风景名胜之一。它西起重庆市奉节县的白帝城，东至湖北省宜昌市的南津关，由瞿塘峡、巫峡、西陵峡组成，全长 192 千米。它是长江风光的精华，神州山水中的瑰宝，古往今来闪耀着迷人的光彩。自古以来，人们传颂：西陵峡滩多险峻，巫峡幽深秀丽，瞿塘峡雄伟壮观。寥寥数语，概括了三峡的景色。

三峡有峡谷与宽谷之分，这和峡江经过地区的岩性有关。峡谷多在石灰岩地区，其地岩层质地坚硬、抗蚀力较强，因而河流对两岸的侵蚀能力较弱，但垂直裂隙（指在岩层中由于地质作用而产生的裂缝）比较发育，河流便乘隙而入，集中力量向底部侵蚀。随着河床逐渐加深，两岸坡谷的岩层失去了平衡，就会沿着垂直裂隙崩落江中，形成悬崖峭壁。而当河流流经比较松软、抗蚀力也较差的砂岩和页岩等地区时，河流向两旁的侵蚀作用加强，便形成了宽谷。

瞿塘峡西起白帝城，东到大溪镇。峡长虽然只有 8000 米，顺流而下，瞬间即过，但却有“西控巴渝收万壑，东边荆楚压群山”的雄伟气势。两岸悬崖绝壁，群峰对峙，赤甲山巍巍江北，白盐山耸立南岸，山势岌岌欲坠，峰峦几乎相接。每当晴空丽日，远眺赤甲、白盐，一如仙桃凌空，一如盐堆万仞，两山云缠雾绕，时隐时

广角镜

白帝城名字的由来

白帝城原名子阳城，为西汉末年割据蜀地的公孙述所建，并在此屯兵积粮。公孙述有帝王之心，便令其亲信先造舆论。不久城里城外就流传起一条“重要新闻”，说是城内白鹤井里，近日常有一股白气冒出，宛如白龙腾空，此乃“白龙献瑞”，预兆这方土地上要出新天子了。舆论造足了，公孙述便于公元 25 年正式称帝，自号“白帝”，并改子阳城为“白帝城”。

现，乃为瞿塘一奇观。峡中江面最宽处一二百米，最窄处不过几十米。入峡处两山陡峭，绝壁相对，犹如雄伟的两扇大门，镇一江怒水，控川鄂咽喉，形势非常险要。正如唐代诗人杜甫所描写的那样："众水会涪万，瞿塘争一门。"故有"夔门天下雄"之赞。

瞿塘峡

若经过瞿塘峡，仰望千丈峰峦，只见云天一线，奇峰异石，千姿百态。俯视峡江，惊涛雷鸣，一泻千里，犹如万马奔腾，势不可挡。

"瞿塘迤逦尽，巫峡峥嵘起。"从瞿塘峡经过一段山舒水缓的宽谷地带，便进入了奇峰绵延、峭壁夹岸、美如书廊的巫峡。巫峡因巫山得名，西起巫山县的大宁河口，东至湖北省巴东县的官渡口，全长45千米，整个峡谷奇峰俏壁，群峦叠嶂。船行其间，忽而大山当前，似乎江流受阻；忽而峰回路转，又是一水相通。咆哮的江流，不断变换着方向，忽左忽右，七弯八绕，令人目不暇接。

幽深秀丽的巫峡，处处有景，景景相连，最为壮观的则是著名的巫山十二峰。这些山峰神态各异，有的若龙腾霄汉，有的似凤凰展翅，有的青翠如屏，有的彩云缠绕，有的常有飞鸟栖息于苍松之间。而其中神女峰则最令人神往。还有与巫峡相连的大宁河、香溪、神农溪，青山绿水，风景别致，充满山野情趣。

"十丈悬流万堆雪"的西陵峡，西起秭归县的香溪河口，东至宜昌市的南津关，全长76千米。这里峡中有峡，大峡套小峡；滩中有滩，大滩含小滩，滩多流急，以险著称。"西陵滩如竹节稠，滩滩都是鬼见愁。"昔日西陵有三大险滩，青滩、泄滩、崆岭滩。滩险处，滩多流急，只有空船才能过去。一首民谣中唱道："脚踏石头手扒沙，当牛做马把船拉，一步一鞭一把泪，恨得要把天地砸。"今日，航道上的险滩经过整治，航船已日夜畅通无阻了。峡内从西向东依次有兵书宝剑峡、牛肝马肺峡、灯影峡、黄牛峡等。灯影峡一带，不仅有掩映的飞瀑，还有奇特的石灰岩洞、神奇的传说故事，为西陵峡增添了奇妙的色彩。

雅鲁藏布江大峡谷

雅鲁藏布江大峡谷位于“世界屋脊”青藏高原之上，平均海拔 3000 米以上，险峻幽深，侵蚀下切达 5382 米，具有从高山冰雪带到低河谷热带季风雨林等 9 个垂直自然带，是世界山地垂直自然带最齐全、最完整的地方。雅鲁藏布江大峡谷的基本特点可以用 10 个字来概括：高、壮、深、润、幽、长、险、低、奇、秀。

雅鲁藏布江大峡谷

雅鲁藏布江大峡谷地区及其周边地区，地质上归属东喜马拉雅构造结，与西喜马拉雅构造结相对应，是印度大陆楔入欧亚大陆最强烈的部位。大峡谷地处强烈的地壳活动中心，是适应构造发育的构造弯、构造谷。大峡谷所在地区正是印度板块向欧亚板块俯冲碰撞的中心地带，东侧又受到太平洋板块的抵挡，因此大峡谷随构造转折而拐弯。目前已在大峡谷中发现多处来自地壳深处的基性、超基性岩体，证明板块缝合线构造的确存在。地质资料显示，大峡谷内侧的南迦巴瓦峰裸露的中深度变质岩系，经铷锶等时线法测定，其绝对年龄值为 7.49 亿年，这是迄今为止所测得的我国喜马拉雅山一侧地层的最老年龄值，相当于前寒武纪，与古老的印度台地地质年龄值相仿，它表明地质上这里是古老印度板块北伸的一部分。

知识小链接

印度

印度，是印度共和国的简称，位于亚洲南部，是南亚次大陆最大的国家，与孟加拉国、缅甸、中国、不丹、尼泊尔和巴基斯坦等国家接壤，与斯里兰卡、印度尼西亚和马尔代夫等国隔海相望。

雅鲁藏布江大峡谷两侧，壁立高耸着南迦巴瓦峰（海拔7782米）和加拉白垒峰（海拔7234米）。其山峰皆为强烈的上升断块，巍峨挺拔，直入云端。峰岭上冰川悬垂，云雾缭绕，气象万千。从空中或从西兴拉等山口鸟瞰大峡谷，在东喜马拉雅山无数雪峰和碧绿的群山之中，雅鲁藏布江硬是切出一条陡峭的峡谷，穿越高山屏障，围绕南迦巴瓦峰形成奇特的大拐弯，南泻注入印度洋，其壮丽奇特无与伦比。在南迦巴瓦峰与加拉白垒峰间的雅鲁藏布江大峡谷最深处达5382米，围绕南迦巴瓦峰核心河段，平均深度也约有5000米，其深度远远超过深2000多米的科罗拉多大峡谷、深3200米的科尔卡大峡谷和深4403米的喀利根德格大峡谷。

雅鲁藏布江大峡谷林木茂盛。由于地势险峻、交通不便、人烟稀少，而且许多河段根本没有人烟，加上大峡谷云遮雾罩、神秘莫测，所以环境特别幽静。雅鲁藏布江大峡谷以连续的峡谷绕过南迦巴瓦峰，长达496.3千米，比号称“世界最长”的大峡谷——科罗拉多大峡谷还长56千米。雅鲁藏布江大峡谷中许多河段两岸岩石壁立，根本无法通行，所以至今还无人全程徒步穿越峡谷。

整个大峡谷的自然景观可以用“秀甲天下”概括。谓其秀甲天下，主要是指在秀的广度、深度和力度上都独领风骚。大峡谷的秀还有其深远和雄伟的内涵。例如大峡谷之水，从固态的万年冰雪到沸腾的温泉，从涓涓溪流、帘帘飞瀑直至滔滔江水，固态、液态、气态变幻无穷。而从力度来看加拉白垒峰，数百米的飞瀑每秒16米的流速、每秒4425立方米的流量，甚为壮观。再如大峡谷之间，从遍布热带季风雨的低山一直到高入云天的皑皑雪山，无一不秀；茫茫的林海及耸入云端的雪峰给人的感受更如神来之笔。

雅鲁藏布大峡谷不仅地貌景观异常奇特，还具有独特的水汽通道作用。在这条水汽通道上，年降水量为500毫米的等值线可达北纬32度附近。而在这条水汽通道西侧，500毫米降水量等值线的最北端仅为北纬27度左右，两者相差5个纬距。这就意味着，由于这条水汽通道的作用，可以把等值的降水带向北推进5个纬距之多。水汽通道还使大峡谷地区的雨季提早到来。一般来说，西藏地区喜马拉雅山脉北侧的雨季在6月末到7月初开始，而沿这条水汽通道，雨季都在5月或5月之前开始，比通道两侧提早1～2个月。

虎跳峡

虎跳峡位于云南省香格里拉县东南部，距县城105千米。发源自青海各拉丹东雪山的金沙江江水被玉龙雪山、哈巴雪山所挟持，劈出了一个世界上最深、最窄、最险的大峡谷——虎跳峡。虎跳峡长18千米，落差200米左右，分上虎跳、中虎跳、下虎跳3段，共18处险滩。虎跳峡是世界著名大峡谷，以奇、险、雄、壮著称于世，两岸峭壁连天，像一扇敞开的巨形石门。

虎跳峡

上虎跳是整个峡谷中最窄的一段。沿峡谷而行，越接近上虎跳峡谷越窄，江水的轰鸣声也越大。江面从100多米宽一下子收缩到30余米，顺畅的江面顿时变得拥挤不堪，江水冲击在江心如犬牙般参差的礁石上，卷起数米高的巨浪。江心中有一个 13 米高的巨石——虎跳石，如砥柱般直卧中流，把激流劈为两股。江水猛烈冲击巨石，激起排空浪花。雨季时，江水浑浊如黄河水，水量巨大，虎跳石就会被完全淹没于波涛之中。

从上虎跳至中虎跳，江水落差近 100 米，暗礁密布，石乱水急，江水狂奔怒放，犹如一条狂暴翻腾的怒龙。从哈巴雪山的山坡上泻下汇集的雨水，形成一道道携泥裹沙的小瀑布，一直汇入金沙江。中虎跳在雨季时有塌方的危险。巨石堆堆横亘，有的地段甚至塌下了半个山头。山坡上常有碎石滚落，并带起腾腾烟尘，直坠江中。

基础小知识

礁　石

礁石可为生物礁体组成，也可为火山岩体或大陆岩体延伸于水下所组成，因其分布于海中或靠近海岸，对沿海渔业及航行都不利。若礁石的规模很大，则称岛屿。

中虎跳最有特点的景致是“满天星”和“一线天”。江水在这段峡中下跌了近百米，险滩上乱礁散布，激流在礁石间反复跳跃，如星石陨落江中，当地人称之为“满天星”。穿行于峡谷腹地，两侧雪山都是最高的主峰段，在这里回望两头峡口，可见高峰深谷随江流弯曲把蓝天切成一线，令人有一种走至天边的感觉，这就是“一线天”。中虎跳之壮观比上虎跳有过之而无不及，江水滚滚而至，浊浪滔天，水花翻飞，气势如金戈铁马，急泻如万兽狂奔。

下虎跳地势宽阔，近可看峡，远可观山。驻足于此，回眺玉龙、哈巴，只见峰巅皑皑白雪，堆银砌玉。下虎跳以“江水扑崖，倒流急转”为特色，有倒角滩、下虎跳石、上下簸箕等大滩。其中倒角滩长约 2.5 千米，落差 35 米，大小跌水 20 余处，峡谷多呈“之”字形急转弯，使江水直扑岸壁，掀起惊涛骇浪，倒流回来又急转直下，如脱缰野马狂啸远去。

下虎跳不远的崎岖山路上有一片平直、光滑的方形石板，这便是虎跳峡有名的险路“滑石板”。该石板宽约300余米，呈85度角从峡底伸到哈巴山腰，石面平整光滑，寸草不生。行人稍一失足，即会滑到江心。过去人们视此路为鬼门关。

东非大裂谷

东非大裂谷是世界大陆上最大的断裂带，从卫星照片上看去犹如一道巨大的伤疤。当乘飞机越过浩翰的印度洋，进入东非大陆的赤道上空时，从机窗向下俯视，地面上有一条硕大无比的“刀痕”呈现在眼前，顿时让人产生一种惊异而神奇的感觉，这就是著名的“东非大裂谷”，亦称“东非大峡谷”。

由于这条大裂谷在地理上已经实际超过东非的范围，一直延伸到死海地区，因此也有人将其称为“非洲——阿拉伯裂谷系统”。

知识小链接

地　幔

地球内介于地壳和地核之间的部分，叫作“地幔”，厚度约2900千米，主要由致密的造岩物质构成，这是地球内部体积最大、质量最大的一层。地幔又可分成上地幔和下地幔两层。上地幔顶部存在一个地震波传播速度减慢的层（古登堡低速层），一般又称为软流层，推测是由于放射性元素大量集中，蜕变放热，使岩石高温软化并局部熔融造成的，很可能是岩浆的发源地。

那么，这条“伤痕”是怎样形成的呢？在1000多万年前，地壳的断裂作用形成了这一巨大的陷落带。板块构造学说认为，这里是陆块分离的地方，即非洲东部正好处于地幔物质上升流动强烈的地带。在上升流作用下，东非地壳抬升形成高原，上升流向两侧相反方向的分散作用使地壳脆弱部分张裂、断陷而成为裂谷带。张裂的平均速度为每年 2 ~ 4 厘米，这一作用至今一直持续不断地进行着，裂谷带仍在不断地向两侧扩展着。有的地理学家甚至预言，未来非洲大陆将沿裂谷断裂成两个大陆板块。

东非大裂谷底部是一片开阔的原野，20 多个狭长的湖泊，有如一串串晶莹的蓝宝石，散落在谷地。中部的纳瓦沙湖和纳库鲁湖是鸟类等动物的栖息之地，也是重要的游览区和野生动物保护区，其中的纳瓦沙湖湖面海拔 1900 米，是裂谷内最高的湖。

东非大裂谷谷底风光

东非大裂谷还是一座巨型天然蓄水池，非洲大部分湖泊都集中在这里，大大小小 20 多个，例如阿贝湖、沙拉湖、图尔卡纳湖、马加迪湖、维多利亚湖、基奥加湖等，属陆地局部凹陷而成的湖泊，湖水较浅。马拉维湖、坦噶尼喀湖呈长条状展开，顺裂谷带串成串珠状，成为东非高原上的一大美景。

这些裂谷带的湖泊，水色湛蓝，辽阔浩荡，千变万化，不仅是旅游观光的胜地，而且湖区水量丰富，湖滨土地肥沃，植被茂盛，野生动物众多，大象、河马、非洲狮、犀牛、羚羊、狐狼、红鹤、秃鹫等都在这里栖息。坦桑尼亚、肯尼亚等国政府，已将这些地方辟为野生动物园或者野生动物自然保护区。比如，位于肯尼亚峡谷省省会纳库鲁近郊的纳库鲁湖，是一个鸟类

拓展阅读

犀　牛

犀牛是哺乳类犀科的总称，主要分布于非洲和东南亚。是最大的奇蹄目动物。犀类基本上腿短、体粗壮。

峡谷和岩洞

资源丰富的湖泊，共有鸟类400多种，是肯尼亚重点保护的国家公园。在众多的鸟类之中，有一种名叫弗拉明哥（火烈鸟）的鸟。被称为世界上最漂亮的鸟，一般情况下，有5万多只火烈鸟聚集在湖区，最多时可达到15万多只。当成千上万只鸟儿在湖面上飞翔或者在湖畔栖息时，远远望去，像一片红霞，十分好看。

布赖斯峡谷

布赖斯峡谷位于美国犹他州西南部，与锡安山国家公园同属科罗拉多高原的一部分，但两者所呈现的景色却截然不同。锡安山地区是雄伟壮丽的高山峡谷，而布赖斯却是梦幻的七彩峡谷。1875年，苏格兰裔的布赖斯在谷口开垦农场，后来附近居民就把这个峡谷冠上了他的姓，于是这里就成了“布赖斯峡谷”。

布莱斯峡谷风光

那么，布赖斯峡谷是如何形成的呢？在6000多万年前，现在的布赖斯峡谷地区为温暖的内陆海，沉积物逐渐堆积在海床；后来水消失了，原本的海床变成陆地，再经过长久的侵蚀风化，就形成各式造型诡异的岩石柱、岩石锥。

虽然在美国其他地区也有这样的地形，但只有这里数量最多、范围最广又最密集。当地的印第安人将此称为“不祥之地”，印第安语意为“被变成石头的狼群”。根据古老的传说，远古时期这里居住着一群可幻化为人形的邪恶动物，最后被土狼所制服，变成了一个个石柱，造就成如今布莱斯峡谷里怪石嶙峋的特殊奇景。由于峡谷的沉积岩层含有大量的金属元素，丰富的含铁质岩层长时间暴露于空气中，经过氧化作用后呈现程度不一的红色调；含锰的岩层则呈现深浅不同的紫色调，再配合上一整天阳光照射角度的变化，岩石色彩随时变幻，特别在黎明及夕阳时分，更是呈现出瑰丽夺目的奇幻景致。

1928 年，布赖斯峡谷被辟为国家公园。布赖斯峡谷国家公园有 14 条深达 300 米的山谷。谷中的岩石形象诡异，有的如长矛、寺庙、鱼鳖、野兽，有的像教堂尖塔。有一组形体挺秀的怪石被起名为“维多利亚女王召开御前会议”，列成弧形的尊尊岩石似王公大臣、贵妇淑女环侍左右。其中红岩石塔更为犹他州所有岩景之冠。登高远望，但见道道帷幕、层层城堡、行行剑戟、重重石林，苍茫粗犷，神奇天成。公园里还倒立着大大小小的锤形岩石，看上去头重脚轻，却巍然屹立，令人叫绝。在这些鲜红如血的悬崖峭壁间，往往还会发现恐龙和爬虫时代的其他化石。矮树林、白杨、枫树、桦木等点缀在山岩之间。在阴森的峡谷中，也会看到道格拉斯云杉，一枝独秀，冲出石壁，沐浴在阳光之中，把这里衬托得更加绮丽。该公园保留了独特的地貌特征，反映了北美大陆形成时期的地理运动情况。

道格拉斯云杉是一种独特的树种，通常被称为黄杉。这种树还有其他一些俗称，如俄勒冈松、美国黄杉、西黄松、北美黄杉和道格拉斯树。其储量占北美针叶林总储量的1/5。在美国西部的商业林地中，黄杉的主要自然林地大约有 14 万平方千米。这些林地得到当

广角镜

白杨的生态习性

强阳性树种。喜温凉、湿润气候。在早春昼夜温差较大的地方，树皮常冻裂，俗称“破肚子病”。在暖热多雨气候下，易受病虫危害，生长不良。对土壤要求不严，在深厚肥沃、湿润壤土或沙壤土上生长很快。在干旱瘠薄、低洼积水的盐碱地及沙荒地上生长不良，病虫害严重，易形成“小老树”。稍耐盐碱，大树耐水湿，深根性，根系发达，根际萌蘖性强，生长较快，耐烟尘，抗污染。寿命是杨属中最长，长达200年。

地政府和州法律在木材采伐、林地作业管理、重新造林要求等诸方面的严格管理，有力地保护了林地内的动物栖息地及水域、土壤和生物的多样化。美国西部落叶松与黄杉混杂生长。这两种树种在外观和特征上很相似。美国亚利桑那州、科罗拉多州、内华达州、新墨西哥州和犹他州也生产少量的黄杉木材。

死　谷

死谷是一条贯穿美国加利福尼亚州东南部的深沙漠槽沟，是北美洲最低、最干燥、最炎热的地区，长 225 千米，宽 8 ~ 24 千米。阿马戈萨河从南部流入，包括巴德瓦特小池，这里最低处低于海平面 86 米。以前死谷是拓荒移民的一大障碍，因而得名“死谷”。

死谷形成约在 300 多万年前，起因是地球重力将地壳压碎成巨大的岩块，当时部分岩块突起成山，部分倾斜成谷。直至冰河时代，排山倒海的湖水灌入较低的地势，淹没了整个盆底，又经过几百万年火焰般的日晒，这个太古纪遗留下来的大盐湖终于干涸。如今展露在大自然中的死谷，只是一层层泥浆与岩盐层的堆积。

生活在死谷里的美洲狮

死谷的最低点在海平面下 86 米，是北美洲最低处。这条深沟位于内华达山脉雨影区，由于沟底低陷，加上周围屏障，这个本来就很干旱炎热的地区成了阳光焦点。但以前这儿的气候比现在湿润得多。证据俯拾皆是：死谷两侧的沟壑是由洪流冲刷而成；冲积扇是从周围山峰上冲刷下来的沉积物；沉淀在谷底的盐分是原来湖水蒸发后留下的；在魔鬼高尔夫球场的盐块则饱经风雨侵蚀，因而形成嶙峋的尖峰。

而现在，死谷的自然条件极其恶劣，降水也很稀少，平均年降水量仅为 42 毫米，最多的年份也只有 114 毫米。谷底部有干涸的阿马戈萨河床，沙丘遍地，乱石嶙峋。谷中央是一片 155 平方千米的沙丘群，是谷底最荒凉的地方。尽管环境恶劣，死谷却绝非毫无生机。谷内植物很少，仅在一些沼泽的边缘有一些耐盐碱的盐渍草、灯心草等。其中有一种开白花的岩生稀有植物，茎叶长满茸毛，抵挡干燥的风。人迹罕至的特殊环境对动物来说却是难得的繁衍之地。美洲狮、野山羊、大袋鼠、狐狸、眼镜蛇等 26 种动物在这里栖息，另有 14 种鸟在山上筑巢。大角羊仅靠一点点水就能生存；响尾蛇能够“跳跃”式前进，以避免身体接触炽热的地面。

死谷腹地虽然荒凉，其周围景色却别具一格。死一般的沉寂，鬼斧神工的自然奇观使它仍不失为“美国一景”。内华达山脉东麓与谷地融汇处沟壑纵横、怪石林立，月色朦胧中更显得阴森恐怖。沿谷地边缘，山峰林立，而这些山峰的自然风貌又各不相同，白天在阳光照射下五光十色，非常美丽。这里成为死谷地区最能吸引游人的地方，被人们称为“画家的调色盘”。死谷因它那独特的奇景于 1933 年被美国辟为国家风景区，并建立了死谷国家公园，成为人们冬季避寒的休养地。

趣味点击

野山羊的分布范围

主要栖息在欧洲、亚洲以及非洲东北部的山区。分布于欧亚大陆多岩砾的山区。雌雄均有缺刻明显的弯角，但雄山羊的角大得多，长可达 150 厘米。

死谷中的自然奇观很多，最吸引人的地方要算“会走路的石头”。这些石头竖立在龟裂的干盐湖地面上。干盐湖长达 5000 米，名为“跑道”。石头大小不一，外观平凡，奇怪的是每一块都在地面上拖着长长的凹痕，有的笔直，有的弯曲或呈“之”字形。这些痕迹看来是石头在干盐湖地面上自行移动造成的，有些长达数百米。石头怎么会移动呢？有人说是超自然力量在作怪，有人说与不明飞行物体有关，有人则认为是自然现象。

加州理工学院的地质学教授夏普经过7年研究，发现石头移动是风雨的作用：石头移动方向与盛行风方向一致，这是有力的佐证。干盐湖每年平均雨量很少超过50毫米，但是即使微量雨水也会形成潮湿的薄膜，使坚硬的黏土变得滑溜。这时，只要附近山间吹来一阵强风，就足以使石头沿着湿滑的泥面滑动，速度可高达每秒1米。这些“走路”的石头使“跑道”成为旅游胜地。

会走路的石头

科罗拉多大峡谷

世界闻名的科罗拉多大峡谷位于美国亚利桑那州科罗拉多高原上，为世界七大自然奇观之一。大峡谷的平均深度超过1500米。大峡谷分割了科罗拉多河，是世界上最壮观的峡谷。

科罗拉多峡谷的壮观景色举世无双。大峡谷大体呈东西走向，东起科罗拉多河汇入处，西到内华达州界附近的格兰德瓦什崖附近，形状极不规则，蜿蜒曲折，迂回盘旋。峡谷顶宽在6～30千米，往下收缩成V形。两岸北高南低，最大谷深1500多米，谷底水面宽度不足千米，最窄处仅120米。大峡谷的南、北两岸因中间有水相隔，气候差异很大。南岸的大部分地区海拔

科罗拉多大峡谷最窄处不过120余米

1800～2000米，而北岸比南岸高400～600米。南岸年平均降水量仅为382毫米，北岸则高达685毫米左右。

大峡谷栖息着约70种哺乳动物、40种两栖和爬行动物、230种鸟。如珍稀的白头鹰、美洲隼、大蜥蜴等，这里还有世界上绝无仅有的凯巴布松鼠、玫瑰色响尾蛇。上千种植物分布在大峡谷上下，呈现明显的垂直分布。从谷底的亚热带仙人掌、半荒漠灌木，向上依次更替为温带和亚寒带的桧树、橡树、松树、云杉和冷杉林。由于河谷地层在结构、硬度上的差异，千百年河水的冲刷，在长长的峡谷间，谷壁地层断面节理清晰，层层叠叠，就像万卷诗书构成的图案，缘山起伏，循谷延伸。

科罗拉多大峡谷被列入《世界自然遗产名录》的最重要原因在于其地质学意义：保存完好并充分暴露的岩层，从谷底向上整齐地排列着北美大陆从元古代到新生代不同地质时期的岩石，并含有丰富的具有代表性的生物化石，俨然是一部“地质史教科书”，记录了北美大陆的沧桑巨变和生物演化进程。

根据地质学家的研究，大峡谷景观如此惊心动魄基本上是沉积、抬升和侵蚀三种地质过程，经过亿万年的交替作用而成的。从古生代早期的寒武纪至3.6亿年前的泥盆纪时期，这一地区处于长期的稳定状态。当时此地位于大陆板块边缘的凹陷部分，上面覆着一层浅海，从陆地流下的冲积物在此沉淀。此后，或大或小规模的抬升和沉积作用交替进行，直至6500万年前，急遽加速的造山运动开始，并持续了数百万年之久。这里整个地区从此被抬升至海平面上，形成了今天的科罗拉多高原。到了新生代中期，2000多万年前，地壳板块运动再度活跃，高原被抬升得更高，河流侵蚀力量相对加剧，切割高原并塑造了各式各样的地形景观，渐渐形成了今日大峡谷的雏形。

基础小知识

云 杉

云杉，属于针叶树的一类，通常有线条分明的年轮，与季节性山地气候保持一致。云杉为中国特有树种，以华北山地分布为广，东北的小兴安岭等地也有分布。常绿乔木，株高可达30米，树冠广圆锥形。我国有17种9个变种。多分布于青海东部，甘肃南部和陕西西部海拔3200米以下。

大峡谷的岩石包括砂岩、页岩、石灰岩、板岩和火山岩。自谷底向上，从几十亿年前的古老花岗岩、片麻岩到近期各个地质时代的岩层（最年轻的火山喷出岩形成时间仅1000年），都清晰地以水平层次出露在外。这些岩石质地不一，各岩层不仅硬度不同，而且色彩各异，颜色随着一年中不同季节里植被、气候条件的变化而变化，甚至在同一天里，大峡谷的岩石也会因时间的不同呈现出不同的景色：黎明初升的太阳使远方的岩壁闪耀着金银色光彩，而日落时晚霞把裸露的岩层映衬得像火焰一般。傍晚从大峡谷南岸望去，夕阳把大峡谷染成了橘红色，岩石在阳光照耀下变幻莫测；在月光下，两侧岩壁呈白色，衬着靛蓝色的阴影，十分醒目。所有这些，确实构成了一幅雄奇壮观的自然画卷。由于科罗拉多高原气候干燥，化学作用极为微弱，故岩石的原始色泽得以保持完好。

卡尔斯巴德洞窟

卡尔斯巴德洞窟位于美国佩科斯河西岸，新墨西哥州东南部的吉娃娃森林内，是由目前被发现的81个洞窟组成的喀斯特地形网。它体积庞大，变化多端，还包含了许多精美的矿物质，面积189平方千米。它是一处神奇的洞窟世界，是迄今探查到的最深的洞窟——位于地表以下305米。溶洞中最大的一处比14个足球场面积的总和还大，整个洞窟群是世界上最长的山洞群之一。

卡尔斯巴德洞窟

卡尔斯巴德洞窟国家公园内的 81 个石灰岩洞中以龙舌兰洞窟最特别，构成了一个地下的实验室，在这里可以研究地质变迁的真实过程。沿一系列“之”字形的线路从主走廊下降 253 米，可到达第一个，也是最深的一个洞窟，名为“绿湖厅”，因其位于洞中央的艳绿色的水潭而得名。该洞窟布满精美的钟乳石，包括一处令人难忘的小瀑布，它与钟乳石相连形成一个圆柱，被贴切地称为“蒙上面纱的雕像”。

“皇后厅”设有奇异的帷幕，那里的钟乳石相拥而长，形成一道光线能照透的石幕。“太阳寺”的滴水岩造型由黄色、粉色、蓝色等有着柔和色彩的钟乳石组成。“忸怩的大象”看起来像一头大象的背部到尾部。著名的“老人岩”是一个巨大的钟乳石笋，孤独、雄伟地站立在黑暗的壁龛中。“巨人行”中 3 个巨大的穹形石笋在站岗放哨，而“王宫”的天花板上则撒下一排炫目的钟乳石。

卡尔斯巴德洞窟的另一壮观景象是栖息在洞窟里的上百万只蝙蝠。黄昏时候，上百万只蝙蝠从其白日的栖息地——阴冷黑暗的洞窟中振翼飞出，在黑暗中捕食昆虫，挡住了整个卡尔斯巴德洞口。在洞口还有许多小哺乳动物、沙漠爬虫和栖息在矮树丛中

拓展思考

钟乳石

钟乳石又称石钟乳，是指碳酸盐岩地区洞穴内在漫长的地质历史中和特定的地质条件下形成的石钟乳、石笋、石柱等不同形态的碳酸钙沉淀物的总称，钟乳石的形成往往需要上万年甚至几十万年时间。由于形成时间漫长，钟乳石对远古地质考察有着重要的研究价值。

的鸟类，如花金鼠、浣熊、轮尾鸟、各种蜥蜴以及兀鹰和鹫。

过去，人们认为卡尔斯巴德洞窟这个由石灰岩组成的洞窟，是由碳酸盐岩石经历雨水之后，一点一滴地侵蚀出来的。事实上，按照水溶碳酸盐岩石的方式形成的大多数溶洞都有地下水流，这样才能带走溶于水的石灰石。可是，卡尔斯巴德洞窟不存在地下的水流。后来，地质学家发现，卡尔斯巴德洞窟不是雨水溶开碳酸盐岩石后再渗到石灰岩上产生侵蚀作用所形成的，而是洞窟里的岩石出现了“冒气泡”现象而形成的。经过考察，洞窟的形成涉及生物学现象。原来，在卡尔斯巴德地区，以小片石油层为食的单细胞微生物才是真正的洞窟雕刻家。生物学家认为，石油中的含碳化合物被微生物吃掉，然后产生了硫化氢。这种致命的硫化氢气体通过岩缝跑出来，直至与水和氧气结合，生成硫酸，这才溶解出若干个体育馆那么大体积的石灰岩洞窟。经证实，在卡尔斯巴德洞窟的勒楚吉拉洞窟，有着大块石膏石，就是硫化氢生成硫酸后，再经过化学反应留下来的副产品。当然，这个洞窟在三四百万年间形成，现在不会有化学副产品的危害了。

浣　熊

知识小链接

硫化氢

硫化氢（H_2S）是硫的氢化物中最简单的一种。其分子的几何形状和水分子相似，为弯曲形。因此它是一个极性分子。常温时硫化氢是一种无色有臭鸡蛋气味的剧毒气体。

岛屿和海湾

GUIFUTIANGONG DE DILI QIGUAN

全球岛屿总数达 5 万个以上，总面积约为 997 万平方千米，大小几乎和我国国土面积相当，约占全球陆地总面积的 1/15。从地理分布情况看，世界七大洲都有岛屿，可见地球上的岛屿之多。最著名的有博拉岛、瓦尔德斯半岛以及阿卡迪亚岛等等。

除了岛屿，本章还要向您介绍下龙湾、沙克湾、巴芬湾等众多海湾，一定会让您在岛屿和海湾的世界中大开眼界，流连忘返！

下龙湾

越南下龙湾位于河内东部，占地1553平方千米，以景色瑰丽、秀美而著称。2000多个大大小小的岛屿错落有致地分布在下龙湾内，堪称奇观。“下龙”这个名字照字面意思来讲，是指蜿蜒入海的龙。传说这里的人们曾饱受侵略之苦，龙神们为了拯救他们，曾在天空现形，那些岛屿就是龙从口中吐出的用来打击侵略者的宝石化成的。下龙湾分为3个小湾，在碧波万顷的海面上，尖峰耸峙，形状奇突。

下龙湾

据科学工作者考证，下龙湾是原欧亚大陆的一部分下沉海中形成的自然奇观。2000多个大大小小的岛屿错落有致地分布在1553平方千米的海湾内。有的一山独立、一柱擎天，有的两山相靠、一水中分，有的峰峦重叠、峥嵘奇特，堪称奇观。由于下龙湾中的小岛都是石灰岩的小山峰，且造型各异、景色优美，与桂林山水有异曲同工之处，所以世人又称之为“海上桂林”。

下龙湾共有多少个岛、多少座山，至今没有精确的统计数据。据说共有2000多座，仅人们根据不同形状、特征命名的山和岛就有1000多座。像一根粗大的筷子直插海里的，是筷子山；像一个大鼎游在海面的，是香鼎山；斗鸡山则是两山对峙，像一对傲斗的雄鸡；马鞍岛则像一匹灰色的骏马，踏着海浪奔腾向前。

从拜寨码头乘船南行8千米，有一个岛像一匹骏马，史书上称为万景岛。岛上最高峰海拔189米，半山腰有个洞叫木头洞。涨潮的时候可以登上岛，沿着90级石阶到达洞口。洞分三洞，外洞可以容纳三四千人。第二洞石笋丛生，形成各种人物、鸟兽造型。在第三洞里，还有4个圆圆的石井，终年积满清冽的淡水。在下龙湾、万景岛以西3千米，有个巡洲岛，这是下龙湾唯一的土岛。

中门洞是下龙湾一个著名的山洞，也分为形状、规模各不相同的3个洞。外洞像一间高大宽敞的大厅，可以容纳数千人。洞底平坦，洞口与海面相接。涨潮时，小游艇可以一直开进洞口。从外洞通向中洞的拱形洞口，只能容一人通过。旁边立着一块灰白色的大石头，像一头大象守卫着洞门。中洞长8米、宽5米、高4米，洞里像一个精美的艺术馆。透过拱形洞口射进来的暗淡光线，照得一座座钟乳石闪现出绮丽的光彩。再通过一个螺口形的洞口，就进入长方形的内洞。这里长约60米，宽约20米，四周钟乳石错落有致，又自然地形成许多小洞及生动的造型。

中门洞

如此多彩的景色是如何形成的呢？下龙湾原是一片喀斯特峰林平原。下龙湾喀斯特地貌主要发育在3.7亿~3.9亿年前的晚古生代石灰岩中。在高温多雨的气候环境下，水对石灰岩产生强烈溶蚀作用，逐渐发育成山坡陡峻的喀斯特小山。在渗入石灰岩的地下水作用下，形成了各种规模的地下河系统。地下水位的下降或地壳的上升使原来充满地下水的地下洞河，逐渐变成了干洞。特别是从非石灰岩地区流来的地表水，对石灰岩有强烈的溶蚀作用，不断使石山坡后退并使一些低矮石山逐渐被蚀平，而那些较大的石山屹立在平原之上，没有被破坏的洞穴依旧保存在小山中。约在 3000～5000 年前，全球性海面上升，使这片峰林平原逐渐被海水淹没，变成了今天下龙湾的样子。

扎沃多夫斯基岛

扎沃多夫斯基岛是南桑威奇群岛（属英属福克兰群岛）的一个小岛。南桑威奇群岛是大自然独一无二的作品。火山喷发将岛屿浇铸成型，惊风骇浪将它们锤炼打磨。只有海鸟和海豹能在这里找到庇护所。1775 年，詹姆斯·库克船长寻找传说中的南部大陆时发现了这片群岛。面对“浓雾、暴雪、严寒和能让航行陷入危难的一切”，他很快厌倦了这里，毫不遗憾地把南桑威奇群岛抛在了身后。

企 鹅

不过，近些年来，南桑威奇群岛却因“浓雾、暴雪、严寒”以及成群的海鸟而闻名于世。南桑威奇群岛中最著名的就是扎沃多夫斯基岛了。扎沃多夫斯基岛宽不到 6 千米，东距南极半岛北端 1800 千米。这里是南大西洋上的一个偏远宁静的小岛，每年有几个月，一群群企鹅蜂拥来到岛上，喧闹声震耳欲聋。企鹅是南极动物中的“绅士”，大多分布在南极半岛北部及其周围群岛附近。虽然它们在陆地上行动笨拙，但在水中却灵活自如。生活在扎沃多夫斯基岛上的企鹅主要为纹颊企鹅。

扎沃多夫斯基岛是世界上最大的企鹅栖息地。它们来这里是有理由的。这是一座活火山，火山口和烟洞喷发出来的热量使冰雪无法在山坡上堆积，于是这些企鹅产卵的时间也比那些生活在遥远南方的企鹅产卵的时间要早一些。这些企鹅可以把卵产在光秃秃的地面上，所以它们都愿意顶着惊涛骇浪来到这里就没什么奇怪的了。

企鹅是适应潜水生活的鸟类：企鹅的身体结构为适应潜水生活而发生很大改变，其翅退化成潜水时极有用的鳍状翅。企鹅的骨骼也不像其他鸟的骨骼那样轻，而是沉重不充气的。同其他飞翔能力退化的鸟类不同，企鹅胸骨发达而有龙骨突起。相应地，企鹅的胸肌很发达，它们的鳍翅因而可以很有力地划水。企鹅的体型是完美的流线型，跟海豚非常相似。它们的后肢只有3个脚趾发达，“大拇指”退化，趾间生有适于划水的蹼，游泳时，企鹅的脚是当作舵使用的。企鹅的羽毛跟其他鸟类不同，羽轴偏宽，羽片狭窄，羽毛均匀而致密地着生在体表，如同鳞片一样。这样的身体结构，使企鹅潜水游泳时划一次水便能游得很远，耗费的能量很少，效率自然很高。

据科学家们观察，企鹅的游泳速度可以达到每小时10～15千米，在水下可以潜游半分钟后再换气。它们还常常在水中跳跃，因此很多人把企鹅说成“在水中飞行的鸟”。企鹅在逃避天敌时，常常跳出水面，每次跳出水面可在空中“滑翔”一米多。有时它们会跳上浮冰躲避天敌。据化石资料记载，企鹅在始新

你知道吗

只有活火山才会发生喷发

活火山是正在喷发和预期可能再次喷发的火山。那些其最后一次喷发距今已很久远，并被证明在可预见的将来不会发生喷发的火山，被称为熄灭的火山或死火山。一般来说，只有活火山才会发生喷发。

世时（距今大约5000多万年前）种类繁多，当时全球气候温暖，南极洲有茂密的森林，动物资源十分丰富。随着气候逐渐变冷，企鹅的种类渐渐变少，有的已经绝迹。

世界上的企鹅有20多种，大都分布在南半球的亚南极地带，一年中多数时间生活在岛礁、海滩或海冰处。而生活在南极的企鹅有7种，即帝企鹅、王企鹅、阿德利企鹅、巴布亚（金土）企鹅、帽带企鹅、皇企鹅、喜石企鹅。南极企鹅被喻为南极的象征，真正的“南极土著居民”，它们共同的特征是：温文尔雅，绅士风度十足，“训练”有素，既能直立行走，又能在冰盖上匍匐爬行，喜在沿海岛礁岩石上筑巢繁殖，严格“一夫一妻制”，每年产1~2只蛋。企鹅喜群居栖息，少则数百只，多达10多万只，成为数量可观的大企鹅群，是生物学家特别感兴趣的研究课题，也是旅游观光的绝妙景点。南极企鹅主要以南极磷虾为食，鱼类和鱿鱼也是其美味佳肴之一，而它又是南大洋中豹型海豹和虎鲸的主要食物，在南极生物链中占据着重要的一环。

吉罗拉塔湾、波尔图湾和斯康多拉保护区

科西嘉岛位于法国东南方的地中海中，形似一个挑起拇指的拳头；面积8720平方千米，是法国最大的海岛。吉罗拉塔湾、波尔图湾与斯康多拉海岸自然保护区，位于科西嘉岛的中西部海岸，面积约120平方千米。保护区内的地质结构比较复杂，已经历过两次明显的火山活动周期。海岸边巨大的赤斑岩峭壁和玄武岩石柱，鬼斧神工，颇为壮观。保护区内生长着丰富的植物，栖息着银鸥、冠羽鸬鹚、游隼等多种鸟类。

吉罗拉塔湾、波尔图湾和斯康多拉保护区，面积120平方千米，其中海

上面积 42 平方千米。保护区的埃尔沃半岛遍布陡峭的红色岩石，奥萨尼角怪石嶙峋。突入海水中的红色的陡坡，是基罗拉塔湾和波尔图湾的分界线。除此之外，保护区内都是悬崖峭壁，有的悬崖峭壁高达 900 米。

吉罗拉塔湾、波尔图湾和斯康多拉保护区

吉罗拉塔湾、波尔图湾及斯康多拉保护区低于海平面 560 米，位于科西嘉岛的中西部海岸，隶属于奥萨尼、帕尔蒂内洛、皮亚纳和塞里耶尔行政区。

自然保护区包括钦托山和方戈山谷，是地质结构比较复杂的地区，已经历了两次明显的火山活动周期，地表有许多斑岩、玄武岩柱，经过海潮的严重侵蚀，出现了一些年代久远的变质、变形、变态岩石。

吉罗拉塔湾、波尔图湾及斯康多拉保护区属典型的地中海式气候，夏季炎热、干燥，经常遭到强风的袭击。因此，在许多缓坡上生长着典型的地中海沿岸所具有的灌木林，沿海地区发现了许多地中海所拥有的藻类物种，像红藻这一物

广角镜

鸬鹚的分类

中国有 5 种：鸬鹚（又称普通鸬鹚）、斑头鸬鹚、海鸬鹚、红脸鸬鹚和黑颈鸬鹚。东南沿海各省常见。鸬鹚广泛分布于亚欧大陆及非洲大陆的江河湖海中。人们常见的是江河中的普通鸬鹚。其实，鸬鹚的种类也很丰富。它们虽然都属于鸬鹚，但是相貌和习性各有特色。生活在加拉帕哥斯群岛上的加拉帕哥斯鸬鹚和广泛分布在亚洲和非洲的大鸬鹚都是十分有特色的品种。

种不是在法国任何地方都有的。

漫步这一地区，人们会看到长毛的鸬鹚、翱翔的海鸥、长着三四个鹗的食鱼鹰、美丽的海鸥、多须的龙虾，丰富的物种构成生机勃勃的自然景色。

吉罗拉塔湾、波尔图湾和斯康多拉保护区中有大量的斑岩块、茂密的植被、丰富的动物物种，是科学探索的好地方。但是经过几个世纪海潮的侵蚀，许多斑岩已分解；过分的捕杀，特别是对多须龙虾的过分捕杀，导致许多动物濒临灭绝；近来，科西嘉地方自然公园还受到大火的威胁。为了挽救大自然赐予地球的这片生机，这一自然保护区已被严格地保护起来以恢复它的自然形态。保护区采取了许多措施，如加强周边地区的警戒，捕鱼、戴水肺潜水、垂钓、收集海洋生物、倾倒垃圾等有害于生态环境的行为被禁止。

博拉—博拉岛

博拉—博拉岛位于南太平洋玻利尼西亚社会群岛，是一个充满诗情画意的热带岛屿。这里有炫目的海滩、摇曳多姿的椰林和静谧的蓝色潟湖。人们把这个美丽而浪漫的岛屿称为“太平洋上的明珠”、“距天堂最近的地方”、“梦之岛”。博拉—博拉岛陆地面积 38 平方千米，由中部主岛和周围一系列小岛组成。第二次世界大战期间它曾是美国海军、空军基地，是社会群岛最美丽的岛屿之一。

最早来到岛上定居的是玻利尼西亚人，大约在 1100 多年前。1722 年，荷兰探险家洛基文发现了这座岛屿，成为到达该岛的第一个欧洲人。英国探险家库克船长于 1777 年驶入港内停泊。他把此岛称为博拉—博拉（寓意新生、诞生）。此岛于 1985 年成为法属玻利尼西亚的一部分。

300 多万年前，博拉—博拉岛从海中升起，成为一座巨大的火山，周围生长着一圈珊瑚。珊瑚虫从热带浅海吸收钙质，生成石灰外壳，逐渐形成珊瑚礁。随着海底板块冷却，火山开始下沉，但珊瑚礁继续生长，形成了岛中心周围的珊瑚环礁和中间的潟湖。随着时间的推移，火山将完全沉没，只留下珊瑚环礁围绕着潟湖。

博拉—博拉岛

在博拉—博拉岛上，闪耀着银光的海滩背倚着椰林、青翠的丘陵和耀眼的木槿，再往里是晶莹清澈的潟湖。东来的信风带来阵阵清新的气流，使这一热带地区的气温处在24℃～28℃。

基础小知识

珊瑚虫

群体生活的珊瑚虫，骨架连在一起，肠腔也通过小肠系统连在一起，所以这些群体珊瑚虫有许多“口”，却共用一个“胃”。能够建造珊瑚礁的珊瑚虫大约有500多种，这些造礁珊瑚虫生活在浅海水域，水深50米以内，适宜温度为22℃～32℃，如果温度低于18℃则不能生存。所以，在高纬度海区人们见不到珊瑚礁。珊瑚虫的触手是对称生长的，根据触手的数目，可将珊瑚虫分为六放珊瑚和八放珊瑚两个亚纲。

珊瑚环礁只有一个通航入口，当地人称为莫图斯，使得这个潟湖成为一个天然的港口。博拉—博拉主岛的面积是直布罗陀的两倍，另外两个小岛图普阿和图普阿伊蒂都是火山口侵蚀形成的。两座峻峭的山峰雄踞博拉—博拉岛上，分别是海拔660米的帕希亚山和海拔725米的奥特曼努山。奥特曼努山曾经是一座火山。在火山喷发毁去其山顶之前，它曾隆起于海底之上达

5400 米。这座长期熄灭的死火山如今覆盖着茂密的绿色森林。玻利尼西亚人早在 1100 多年前就在岛上定居，并在此修建了几座庙宇。

大堡礁

大堡礁位于澳大利亚昆士兰州以东，南回归线与巴布亚湾之间的热带海域。大堡礁南北长约 2000 千米，东西宽 20 ~ 240 千米，包括约 3000 个岛礁和沙滩，分布面积共达 34.5 万平方千米，是世界上规模最大、景色最美的活珊瑚礁群，因此也被誉为“世界第八大奇观”。

大堡礁是澳大利亚东北海岸外一系列珊瑚岛礁的总称。大堡礁生长在中新世时期，距今约有 3000 多万年。大堡礁共有大小 3000 多个珊瑚岛屿，是由一种微小的腔肠动物珊瑚虫长年累月“建筑”起来的，而且面积还在不断扩大。珊瑚虫有 350 多种。它们体态玲珑，色泽艳丽，但却十分娇弱。大堡礁所处的水域，终年受太平洋的南赤道暖流和东澳大利亚暖流的影响，全年平均水温在 20℃以上，加上这一带海域海水浅、含盐度和透明度高，非常适合珊瑚生长。一般的珊瑚最多不过长到 80 米厚，而这里的珊瑚厚度竟达 220 米，为世界之最。珊瑚虫具有坚硬的石灰质骨骼，喜欢聚居，繁殖能力很强。后一代在前一代的骨骼上繁殖生长。珊瑚虫有红、白、黄、绿等颜色，残骸每过 35 ~ 335 年就可增高 1 米。因为珊瑚虫的种类不

大堡礁

同，珊瑚礁的生长速度也不同。

远望海伦岛

大堡礁拥有为数众多的礁岛资源。这些礁岛有的露出海面几米或几百米，岛上绿意盎然，艳丽明媚。有的礁岛半隐半现，形态奇异，意境美妙，想象无限。有的礁岛隐在海中，千奇百怪，五颜六色。珊瑚和鱼儿共舞，充满了浪漫的色彩。堡礁大部分没入水中，低潮时略露礁顶，从空中俯瞰，礁岛宛如一朵朵艳丽的花朵，在碧波万顷的大海上怒放。据统计，大堡礁中露出水面的珊瑚岛有600多个，主要的观光点有鹭岛、费兹莱岛、费沙岛、大凯裴岛、绿岛、汉密顿岛和海曼岛等。

在较大的岛屿中，格林岛、海伦岛和赫伦岛最为著名。格林岛上设有水下观察室，可以观赏到栖息在珊瑚洞穴里的数百种美丽的鱼类以及海螺、海星、海参等稀奇古怪的海洋生物。有能释放毒液的华丽的狮子鱼和形如石头的石头鱼，还有敢偷袭潜水员的昆士兰鱼，令人仿佛置身于海底世界。

海伦岛附近的海底布满了美丽的珊瑚礁，岛上树木特别多，远远望去，一片葱茏。四周的白色沙滩好像一条裙带，岛上任何地方，都是天然的海水浴场。海底因为全部是珊瑚

你知道吗

绿　岛

绿岛旧称“鸡心屿”、“青仔屿”、“火烧岛”，是个山丘纵横的火山岛，最高点为火烧山，高280米，东南临海处多为断崖，西南角是长达10多千米的平原沙滩，西北近海岸区地势低缓，系全岛主要聚落所在。

礁，没有泥土污染，所以海水清澈见底，能看见各种色彩缤纷的鱼类。在海伦岛潜水有很大的乐趣，潜水者不仅可以与各种鱼类为伴，而且可以了解它们的生态。除了欣赏鱼类，岛上的林木丛中还有数不清的鸟类，四季常青的灌木吸引着许多候鸟到此避寒。岛上还是世界著名的绿色海龟产地。海龟与游人相处极为友善。

赫伦岛面积0.17平方千米，是一个奇特的珊瑚岛。从空中俯瞰，它就像一叶小舟，荡漾在湛蓝色的海面上。漫步岛上，海浪袭来，“岛船”似乎有些摇动，但会使人产生一种乘风破浪向前的激情。海潮退去后，脚踩珊瑚会发生出嘎吱嘎吱的声响，让人不得不惊叹大自然奇妙的创造力。走进赫伦岛的中心区域，树木丛生，浓郁苍翠。其中有一种树非常奇特：树高可达几十米，树干很粗，植物组织疏松而又很脆，树心却又像海绵制成。若是遇上海鸟交配产卵的时节，绿林中更是热闹非凡，鸟伴侣们追逐嬉戏，互诉衷情。许许多多的苍鹭忽而枝头落身，忽而沙滩信步，正寻觅着小海龟或其他昆虫，希望给它们的儿女们带回丰盛的食物。还有“头戴银帽”的白顶海鸥，这种海鸥似乎有些呆头呆脑，夜晚也常发出沙哑、凄厉的鸣叫，令人感到几分阴森恐怖。但当你目睹它们面对惊涛骇浪泰然自若、轻灵敏捷如闪电的身影时，便会把它们在陆上的愚钝和夜晚的吵闹统统抛于脑后，心中充满敬佩。

知识小链接

海 鸥

海鸥是一种中等体型的鸥。腿及无斑环的细嘴呈绿黄色，白尾，初级飞羽羽尖呈白色，具大块的白色翼镜。冬季头及颈散见褐色细纹，有时嘴尖有黑色。海鸥身姿健美，惹人喜爱，其身体下部的羽毛就像雪一样晶莹洁白，海鸥是候鸟，分布于欧洲、亚洲至阿拉斯加及北美洲西部，迁徙时见于中国东北各省。

弗雷泽岛

弗雷泽岛绵延于澳大利亚昆士兰州东南海岸，长122千米，面积1620平方千米，是世界上最大的沙岛。高大的热带雨林的雄伟残迹就矗立于这片沙土之上。移动的沙丘、彩色的砂石悬崖、生长在沙地上的雨林植物、清澈见底的海湾与绵长的白色海滩，构成了这个岛屿独一无二的景观。1992年，弗雷泽岛作为自然遗产被联合国教科文组织列入《世界自然遗产名录》。

弗雷泽岛

弗雷泽岛是由数百年前大陆南方的山脉受风雨剥蚀而开始形成的。细岩石屑被风刮到海洋中，又被洋流带向北面，慢慢沉积在海底。冰河时期海面下降，沉积的岩屑露出海面，被风吹成大沙丘，后来海面回升，洋流带来更多的沙子。植物的种子被风和鸟雀带到岛上，并开始在湿润的沙丘上生长。植物死后形成了一层腐殖质，使较大的植物可以扎根生长，沙丘便被固定住了。现在，全岛

广角镜

鹦鹉的生命周期

鹦鹉的品种不同，寿命也不同，一般小型鹦鹉类平均寿命7~20年，中大型鹦鹉平均寿命为30~60年，一些中型鹦鹉可以活到80岁左右，如葵花凤头鹦鹉、亚马孙鹦鹉、灰鹦鹉等。世界上最长寿的鸟就是一只鹦鹉，它是一只亚马孙鹦鹉，名叫詹米，生于1870年12月3日，死于1975年11月5日，享年105岁，是鸟类中的老寿星。

均是金黄色的沙滩和沙丘。有些地方耸立着红色、黄色和棕色的砂岩悬崖，砂岩悬崖被风浪冲刷成锥形和塔形的岩柱。

弗雷泽岛的雨量异常充沛，年降雨量可达 1500 毫米。因此在岛下形成了一个巨大的淡水湖，蓄水量约为 2000 万立方米。沙丘之间还有 40 多个淡水湖，其中包含了世界上一半的静止沙丘湖泊，这大大促进了沙丘植物的兴衰循环。布曼津湖，这个世界上最大的静止湖泊是弗雷泽岛最美丽的地方之一。

弗雷泽岛原名“库雅利”，意思是“天国”。这里一直美得很超然。1836 年，一场暴风雨使“寻金”号轮船撞上了库雅利岛北部的斯温群暗礁。于是，船长詹姆斯·弗雷泽、他的妻子爱丽莎·弗雷泽和船员们划着小舟漂流到库雅利。库雅利的土著人抓住了他们。几个月后，只有爱丽莎·弗雷泽逃了出来。她利用这段特殊的经历，以动人的语言向人们讲述库雅利岛，结果这个世外桃源一样的小岛引得许多渔民、传教士和伐木者大举迁移，岛名也因此变为“弗雷泽”。后来船长夫人的经历成为一部电影和几本小说的创作主题，弗雷泽岛从此闻名于世。

葵花凤头鹦鹉

弗雷泽岛上，在高达 240 米的沙滩和悬崖后面生长着种类繁多的植物。上面森林茂密，喜欢潮湿的棕榈和千层树在积水的地方生机蓬勃；柏树、高大的桉树、成排的杉树以及非常珍贵的考里松也都在此安家落户。这些林地为很多动物提供了家园。世界上有超过 300 种原生脊椎动物，而生活在这个岛上的就多达240种，其中包括极为珍贵的绿色、黄色雉鹦哥。这种鹦鹉科鸟类，喜欢活动在靠近海岸的洼地和草原上。以花和蜜为食的红绿色金猩猩鹦哥，为密林增添了艳丽的色彩。地鹦鹉、葵花凤头鹦鹉和大地穴蟑螂也是岛上的常住“居民”，因为在这里它们少有天敌。岛上的哺乳动物数量很少，但是这里却是澳洲野狗在澳大利亚东部的唯一栖息地。岛上的沙丘湖由于纯净度高、酸性强、营养含量低而鲜见鱼类和其他水生生物，但一些蛙类却非常适应这种环境，特别是一种被称为“酸蛙”的动物，它们能忍受湖中的酸性而悠闲地生活。弗雷泽岛的高潮与低潮之间有大片的浅滩，这些浅滩为过往的迁徙水鸟提供了最好的中途栖息地。

岛上的小湖和溪流成为野生动物的饮水源，这些动物中间包括澳大利亚野马。它们其实是运木材的挽马和骑兵军马的后裔。每年的8~10月，弗雷泽岛附近的海面上，还常常能看到巨大的座头鲸喷出的水柱，以及它们跃出水面的样子。

在弗雷泽岛上还能看见葵花凤头鹦鹉。葵花凤头鹦鹉也叫葵花鹦鹉、黄巴旦等，产于澳大利亚北部、东部及东南部至昆士兰岛西部、巴布亚新几内亚及北部、东部岛屿等地。葵花凤头鹦鹉体长40~50厘米。体羽主要为白色。头顶有黄色冠羽，在受到外界干扰时，冠

拓展阅读

浆果

浆果是一种多汁肉质单果，由一个或几个心皮形成，含一粒至多粒种子，如香蕉、番茄、酸果蔓。浆果类的营养成分因果实不同而异，外果皮为一到数层薄壁细胞，中果皮与内果皮一般难以区分。中果皮、内果皮和胎座均肉质化，含丰富浆汁。肉质果实，果皮外面的几层细胞为薄壁细胞，其余部分均为肉质多汁浆果的萼片宿存，与果蒂相连接，浆果一般由多心皮合生雌蕊发育而成。

羽便呈扇状竖立起来，就像一朵盛开的葵花，因此得名。耳覆羽、颊部、喉部、飞羽和尾羽沾有黄色。虹膜为暗褐色或红褐色。嘴呈暗灰色。腿、脚呈暗灰色。野生的葵花凤头鹦鹉常常栖息于平原、沼泽等附近的树林中，喜欢结群活动。鸣声响亮，善于用脚和嘴在树上攀缘，经常一只脚抓住树枝站立，另一只脚将握住的食物送入嘴中，脚趾非常灵活。葵花凤头鹦鹉善于长距离飞行，主要以植物种子、坚果、浆果、嫩芽、嫩枝为食。繁殖期在澳大利亚南部为 8 月至翌年 1 月，在澳大利亚北部则为 5 ~9 月。筑巢于靠近水源的大树上或岩洞里。每窝产卵 2 ~3 枚，孵化期为 28 天，由雄鸟和雌鸟共同孵化和育雏，育雏期为 70 天左右。寿命一般为 40 年左右，也有活到 60 ~80 年的。

沙克湾

沙克湾位于澳大利亚西部城市珀斯以北 800 千米处。这里是澳大利亚大陆的最西端，西临印度洋，向北抵达卡那封镇，向西延伸到沙克湾的外部岛链伯尔尼岛、多尔岛和德克哈托格岛，面积 21973 平方千米。沙克湾的意思是“鲨鱼湾”，湾内有世界上最大的鱼——鲸鲨。1991 年联合国教科文组织将沙克湾作为自然遗产，列入《世界自然遗产名录》。

鲸　鲨

庞大的水生生物之家沙克湾坐落在澳大利亚西海岸尽头，被海岛和陆地所环绕，以其中 3 个无可比拟的自然景观而著称。它拥有世界上最大的和最丰富的海洋植物标本，并拥有世界上数量最多的儒艮（海牛）和叠层石（与海藻同类，沿着土石堆生长，是世界上最古老的生存形式之一）。在沙克湾内，还同时生活着3种濒危哺乳动物。

沙克湾地区的海湾、水港和小儒艮岛支撑着一个庞大的水生生物世界，海龟、鲸、对虾、扇贝、海蛇和鲨鱼在这个地区都是很常见的水生生物。鲸鲨与其他鲨鱼不同，有漂亮的脊鳍，性情温和，体形巨大，长度一般超过20米，以进食浮游生物为主。

与此同时，在这里的一些地区，珊瑚礁、海绵和其他无脊椎动物以及热带和亚热带鱼类形成一个很独特的生态群落。宽广平坦的海滩上生活着各种各样的掘穴类软体动物、寄居蟹和其他无脊椎动物。但是在沙克湾这个生态系统中最为基础的支撑还是“海草牧场”。

基础小知识

鲸　鲨

鲸鲨是须鲨目的一种，是目前世界上最大的鱼类。鲸鲨为鲸鲨科及鲸鲨属中唯一的成员，是一种滤食动物。这种鲨鱼被认为大约出现在6000万年前，生活在热带和亚热带海域中，寿命大约有70年。虽然鲸鲨具有宽大的嘴，不过它们主要以小型动植物为食。

沙克湾拥有面积最大和种属分异度最高的海草平原。在其他地区，通常只有一到两种海草分布于很大的地理区域内。例如，在北美洲和欧洲的绝大多数地区只有一种海草。但在沙克湾地区却有12种之多。在海湾的一些地方，每平方米内可以很容易地鉴别出9种海草。海洋公园和在科学上具有重要意义的海草平原形成了沙克湾这一世界自然遗产的重要组成部分。沙克湾内有许多浅水地区，这些地区是跳水和潜水活动的良好场所。产于澳大利亚的海龟大多是食肉动物，一年四季在海湾中都可以见到单独出现的海龟。但

儒 艮

大规模的海龟聚集从 7 月底才开始，海龟的繁殖季节通常是在此之后。传统意义上，海龟和儒艮是其产地的土著居民餐桌上的佳肴，但在沙克湾地区，这两种动物并没有受到和在世界其他地区一样的生存压力。

儒艮别名人鱼，属于儒艮科。儒艮的身体呈纺锤形，长约 3 米，体重 300～500 千克。全身有稀疏的短细体毛，没有明显的颈部，头部较小，上嘴唇似马蹄形，吻端突出有刚毛，两个近似圆形的呼吸孔并列于头顶前端；无外耳廓，耳孔位于眼后。无背鳍，鳍肢为椭圆形。尾鳍宽大，左右两侧扁平对称，后缘为叉形。鳍肢的下方有一对乳房。背部以深灰色为主，腹部稍淡。儒艮为海生草食性兽类，其分布与水温、海流以及作为主要食品的海草分布有密切关系。多在距海岸 20 米左右的海草丛中出没，有时随潮水进入河口，取食后又随退潮回到海中，很少游向外海。以 2～3 头的家族群活动，在隐蔽条件良好的海草区底部生活，定期浮出水面呼吸，常被人认作“美人鱼”浮出水面，给人们留下了很多美丽的传说。儒艮是由陆生草食动物演化而来的海生动物，曾遭到严重捕杀，资源受到破坏，

珊 瑚

亟待加强保护。

在海洋公园中，宽吻海豚这种野生动物会经常来到海岸边与人们接触，并接受人们投喂给它们的鱼。沙克湾的佩伦半岛上，生活着一种鼠类，它比普通的老鼠稍大一些，又密又厚的毛覆盖着身体上的黑色和茶色斑点。目前，这种鼠的数量已经不多了。

宽阔的珊瑚丛是水下观赏的又一美景。珊瑚礁块的直径大约有500米，其间充斥着丰富的海洋生物。无数色彩斑斓的珊瑚争相映入人们的眼帘，蓝色、紫色、绿色、棕色等等，真是美不胜收。这个地区海生的浅紫色海绵也极为有名。在这个地区，有一个美丽的蓝色石松珊瑚的生长群落，仿佛是一个大花园。此外，头珊瑚和平板珊瑚也随处可见。

瓦尔德斯半岛

瓦尔德斯半岛位于阿根廷巴塔哥尼亚地区丘布特省东北部沿海，濒临大西洋，有大量鲸、海豹和企鹅出没。这里是全球海洋哺乳动物资源的重点保护区，是濒危的南部鲸的庇护地，也是南美海象、海豹和海狮繁衍生息的理想场所。瓦尔德斯半岛全境都在丘布特省的自然保护区内，半岛90%以上都是高原地形，其余为倾斜的海滩和悬崖。很多个世纪以来，海水的侵蚀使这里的海岸形成了一个斜坡。突出的半岛与南部的陆地几乎交接，形成了一个圆形的平静海湾，为海洋野生动物和海鸟提供了一个天然庇护所。

你知道吗

海　狮

海狮又叫北太平洋海狮、斯氏海狮、海驴等，是体形最大的一种海狮，素有“海狮王”的美称。海狮是一种应用价值很高的动物，但海狮也是濒危物种，是国家二级保护动物。

瓦尔德斯半岛内海拔最低处低于海平面 35 米，最高处海拔仅 100 米。瓦尔德斯半岛由一系列的海湾、悬崖、海岸以及岛屿组成。半岛的海岸线长达 400 千米。瓦尔德斯半岛东端是包含一些小岛的长达 35 千米的瓦尔德斯海湾。岛内气候湿润，年降水量在 240 毫米左右。岛内冬季平均气温为 0℃ ~ 15℃，夏季平均气温在 15℃ ~35℃，一年之中最热的月份是 2 月。

瓦尔德斯半岛

瓦尔德斯半岛是非常重要而有意义的天然动物栖息地。这个地区一些临危物种的资源保护具有突出的全球性价值。瓦尔德斯半岛是大量哺乳动物和海鸟的避难所。这些动物在岛内广阔的水域内可以找到丰富的食物，并能寻到良好的地方来建巢搭穴。在这里，鲸可以在干净的水域里交配产仔。1990 年有 1200 头鲸光顾过瓦尔德斯半岛。而且统计数字表明，到半岛水域的鲸以每年 7% 的速度递增。按此速度，现今半岛水域内的鲸大约有 2700 头。每年的 8 月末到 10 月初是海豹交配繁殖的季节，10 月份的第一周是海豹繁衍的高峰期。瓦尔德斯半岛是阿根廷最北边的海豹繁育基地，世界上其他的海豹栖息地主要位于南极洲的一些岛屿上。瓦尔德斯半岛同时也是海狮的重要栖息地。半岛水域的其他哺乳动物有食肉动物逆戟鲸。尽管它们有时也捕食海狮、海豹，但仍以食海鱼和鱿鱼为主。逆戟鲸采用一种特殊的捕食

逆戟鲸

方法，它常常搁浅在浅滩中，然后张大嘴靠近猎物，静等其上钩。

岛内的陆生哺乳动物有骆马，它们在岛内随处可见。其他的陆生哺乳动物还有巴塔哥尼亚野兔和阿根廷灰狐。瓦尔德斯半岛内的鸟类种类繁多，达181种，其中66种是候鸟。岛内的海鸟居住在12个栖息地中，企鹅是岛内最大的动物家族，有4万多个活动的巢穴分布在岛内的5个栖息地。第二大家族是海鸥，有6000多个活动巢穴。其他生活在这里的鸟类有鸬鹚、大白鹭、黑冠苍鹭和普通燕鸥等。对于在海滩生活的候鸟来说，滩涂和潟湖是最重要的栖息地。

每年6~7月份是南半球的冬季，生活在南极大陆周围海域的巨鲸纷纷北上避寒，瓦尔德斯半岛上的皮拉米德海湾是它们选择的最佳越冬地。抹香鲸是世界上现存的11种大型鲸之一。黑色的身躯，只是在腹部有些许白斑。与其他海洋哺乳动物不同，抹香鲸雌性比雄性个头大，身长13~16米，重35吨；雄性一般长12米，重30吨，目前已经濒临灭绝。全世界仅存4000~5000头，其中约1/5在瓦尔德斯半岛附近越冬繁殖，因此这里成为独一无二的抹香鲸观赏地。瓦尔德斯半岛观赏抹香鲸时间很长，5月至12月都可以看到，以9、10两个月最多。每到观鲸季节，成群结队的巨鲸掠过湛蓝的海面，有的头顶喷出两道水柱形成V形，那是它们在呼吸；有的突然腾空而起，跃出水面；有的拍打数米长的巨鳍，发出巨响。

麦哲伦企鹅

瓦尔德斯半岛海域还有另外一种鲸类出没，那就是逆戟鲸。它们的特点是黑背白肚皮，背鳍上有很大的白斑。与其他鲸类不同的是，逆戟鲸的牙齿没有退化成须状，保留着锋利的牙齿。逆戟鲸2~4月和10~11月间在瓦尔德斯半岛海域出现。它们长8~9.5米，重5~9吨。强有力的尾鳍产生向前的动力，胸鳍则保持身体平衡与前进方向。逆戟鲸有一个绰号叫“杀人鲸”，这是因为它们不仅吃鱼类，也吃其他哺乳类动物，海龟、企鹅也是它们的佳肴。

距瓦尔德斯半岛约100千米的海岸边，有一个凸出的陆角，叫作“童破角”。站在海滩高处放眼望去，到处都是企鹅，有的结队蹒跚而行，有的在树荫下闭目养神，有的在海中游水嬉戏。在方圆50千米内，栖居着几百万只麦哲伦企鹅。它们比南极企鹅形体小，站立时约30~40厘米。同样是白肚皮黑脊背，但脖子上多了一个白环，看上去比南极企鹅还要漂亮。

麦哲伦企鹅隶属于企鹅目企鹅科，体长为70厘米，分布于阿根廷和智利的南部及附近岛屿，不能飞，但善游泳和潜水，走路摇摆，能将腹部贴在冰面上滑行。它们以鱼类、软体动物和甲壳动物等为食。这里地势开阔，附近海边的丘陵地由砂石形成的冲积土层很适合筑窝。企鹅窝有的在树下，有的在露天沙地上。

巴芬岛和巴芬湾

巴芬湾位于北大西洋西部格陵兰岛与巴芬岛之间。从戴维斯海峡到内尔斯海峡，南北1450千米，面积6.89万平方千米。海湾中央是巴芬凹地，深达2100米，海底呈椭圆形，四周为格陵兰和加拿大大陆架。

1615年，英国航海家巴芬航行到此，于是人们就用巴芬的名字来命名这个海湾。巴芬岛为加拿大第一大岛，世界第五大岛，是加拿大北极群岛的组成部分，东隔巴芬湾和戴维斯海峡，与世界第一大岛——格陵兰岛遥遥相对，长1500千米，最大宽度800千米，面积50.75万平方千米。

巴芬湾海峡出口处有暗礁。除中心凹地外，北部水深240米，南部水深约700米。海底多为陆源沉积，如灰棕色的淤泥石子、石砾和沙砾。这里气候寒冷，夏天多南风和西北风，冬天格陵兰岛的东风为这里带来暴风雪。1月份南部平均温度为-20℃，北部为-28℃。有记录的最低气温为为-43℃。7月份海岸平均温度7℃。格陵兰沿海年降水量在100~250毫米，而巴芬岛沿海要多一倍。海流以逆时针方向流动，西格陵兰海流通过戴维斯海峡每年注入99万立方米海水，从北边海峡流入的北冰洋水流沿巴芬岛汇入大西洋。西格陵兰暖流紧挨着格陵兰海岸，从迪斯科岛流到格陵兰的图勒海面，再向西南与寒流混合。海湾中央覆盖着厚冰层，但是在北部由于西格陵兰暖流的影响，实际上从不封冻，形成“北方水道”。海湾上的冰山大部分都是冰川冲入海中断裂而成。最大的冰山有70米高，水下有400米深。

巴芬湾

天 鹅

从北冰洋流入巴芬湾的海水含盐度达30‰~32.7‰，底层水盐分较高。海潮的搅动使上层海水增加营养盐，并使下层海水增加溶解于水中的氧。盐分的溶解和暖流的增温有利于生物生长。海藻的繁殖为细小的无脊椎动物

（如著名的磷虾）提供了食物，无脊椎动物又是较大生物的食物。鱼类有北极比目鱼、北极鳕等，海兽有海豹、海象、海豚和鲸；海岸上栖息着大群海鸥、海鸭、天鹅、雪枭和海鹰。岸边植物有400种之多，如桦、柳、桤以及低等喜盐植物和草丛、青苔、地衣等。动物有啮齿类、北美驯鹿、北极熊和北极狐。当地因纽特人以传统方法捕鱼狩猎。

知识小链接

天　鹅

天鹅属在生物分类学上是雁形目鸭科中的一个属。这一属的鸟类是游禽中体形最大的种类，俗称“天鹅”。

巴芬岛呈西北—东南走向。其地质构造是加拿大地质的延续，地形以花岗岩、片麻岩构成的山地高原为主，海拔1500～2000米，最高处达2060米，呈东高西低之势。山脊纵贯岛的东部，上面覆有冰川。中西部福克斯湾沿岸为低地，海岸线曲折，多峡湾。巴芬岛大部分位于北极圈内，冬季严寒漫长，夏季凉爽，自然景观为极地苔原。岛上绝大部分地区无人居住，沿岸局部地区有因纽特人的小部落，他们以渔猎为生。岛南部的弗罗比舍贝是全岛行政中心、毛皮货站，这里建有机场。坎伯兰半岛上建有奥尤伊图克国家公园。北部有铁矿。岛上建有空军基地、气象站和雷达观测站。

巴芬岛的苔原上有一种珍稀动物，它就是北极狐。北极狐属犬科，额面狭，吻尖，耳圆，尾

你知道吗

传说中的蓝狐就是北极狐

北极狐属犬科，也叫蓝狐、白狐等，被人们誉为“雪地精灵”。科研人员深入北极地区，对这种充满灵性的动物展开深入研究，发现北极狐能进行长距离迁徙，而且有很强的导航本领。

毛蓬松，尖端白色。北极狐主要有两种类型：白狐和蓝狐。北极狐是北极苔原上真正的主人，它们不仅世世代代居住在这里，而且除了人类之外，几乎没有什么天敌。

北极狐最主要的食物是旅鼠。当遇到旅鼠时，北极狐会极其准确地跳起来，然后猛扑过去，将旅鼠按在地下吞食掉。北极狐的数量是随旅鼠数量的波动而波动的，通常情况下，旅鼠大量死亡的低峰年，正是北极狐数量的高峰年。为了生计，北极狐开始远走他乡，这时候，狐群会莫名其妙地流行一种疾病——“疯舞病”。北极狐身披既长又软且厚的绒毛，即使气温降到 -45℃，它们仍然可以生活得很舒服。因此，它们能在北极严酷的环境中世代生存下去。

埃尔斯米尔岛

加拿大的埃尔斯米尔岛是世界第九大岛，面积 20 万平方千米。埃尔斯米尔岛中部地区，气候终年严寒，为巨大的冰层所覆盖，没有植被和土壤。埃尔斯米尔岛北端距离北极不到 250 千米。在这样酷寒的极地，只有极特殊的动物才能生存。北极狼就是其中之一。在世界上其他地区，狼群饱受人类的迫害而对人类深怀戒心。然而此地人迹罕至，北极狼徜徉在冰雪荒原上悠然自得，对人类毫不畏惧。

埃尔斯米尔岛

北美洲西北地区的地形地貌都深受第四纪冰川的影响。埃尔斯米尔岛所在的北极群岛在远古和北美大陆是一个整体，是古老的加拿大地质的一部分。冰川的压力使一部分陆地沉到海平面以下，冰川退却后没有回升到海平面以上，将一部分陆地隔成了岛屿，形成了北极群岛。北极群岛现在还有少数地方被冰川所覆盖，这里是南极和格陵兰以外冰川面积最大的地方。

北极群岛是世界上面积第二大的群岛，埃尔斯米尔岛是世界第九大岛。西北地区的南部并没有被冰川隔成岛屿，但是冰川却在这里造就出世界上最壮观的湖区。北极群岛的植被基本上都是苔原。

埃尔斯米尔岛的面积约为冰岛的两倍。当太阳融化朝南山坡的积雪时，在周围一片明亮耀眼的白色衬托下，岛上露出的灰黑色山岩显得分外庄严、肃穆。经过千百年冰雪的侵蚀，有的山岭已磨圆了，看起来不如实际上高。北部格兰特地山脉的巴博峰海拔 2600 米，是北美东北部的最高峰。海岸线经冰川冲蚀参差不齐，有不少峡湾。有些峡湾，如阿切峡湾，两侧悬崖高出海面 700 米。

北极狼

每年大部分时间，埃尔斯米尔岛的周围海面冰冻，天气寒冷。这里冬季气温可降至 -45℃，夏季（从 6 月底至 8 月底）气温仍常常低于 7℃；在风和日丽的日子，气温可达到 21℃。这个岛虽然寒冷，但并不像想象中那样覆盖着厚厚的积雪，只是一个荒漠，年平均降水量（雪、雨和霜）只有 60 毫米。由于这里热量不足，地面蒸发很少。

面积广阔的埃尔斯米尔岛上只有南部的格赖斯峡湾有居民。早在 4000 年以前，一小部分因纽特人从西伯利亚经过冰封的白令海峡到达阿拉斯加。经过几个世纪的游猎，2500 多年前，他们中的一部分人终于踏上了埃尔斯米尔岛。他们以麝牛和驯鹿为食，用它们的皮毛骨骼做衣服和武器，并猎杀海洋动物，最终兴旺繁荣起来，成为了现代因纽特人的祖先。他们发展出不可思议的技艺，在皮船上捕捉包括鲸在内的各种海洋哺乳动物，狗拉雪橇成为重要的陆上交通工具。因此，埃尔斯米尔岛成了一个研究加拿大北部原住民的重要场所。

埃尔斯米尔岛上没有树木，离它最近的树生长在南部的加拿大大陆上。夏季，这里的大部分地区没有积雪，北极罂粟等野花在小溪边等适宜的地方盛开。黑曾湖地区是这片广大荒原上的最大绿洲。到了夏天，湖畔生机勃勃，生长着苔藓、伏柳、石楠和虎耳草等。夏季草原上有成千上万雪白的北极野兔、成群的麝牛和驯鹿。

生活在埃尔斯米尔岛上的驯鹿比大陆上的驯鹿要小，毛色较白，冬季不向南迁徙，同麝牛和北极野兔一样，只能依靠刨食积雪下的地衣和绿色植物过冬。无论冬夏，它们都是北极狐和狼的猎物。来此度夏的许多鸟，冬季都南飞到较温暖的地方。北极燕鸥几乎飞行地球半圈到南极地区去过夏天。雪和岩雷鸟冬季仍留在岛上，靠寻觅冬季植物维持生命。

北极狼分布在加拿大北极群岛及格陵兰北海岸，大概在北纬 70 度的北边。它们生活在荒芜的地带，包括苔原、冰河谷及冰原。北极狼能够忍受 -55℃的寒冷温度。北极狼有一身白色且比南方狼更加浓密的毛。它们的耳朵比较小也比较圆，鼻子稍短，腿很短。它们的体重较重，一只发育完全的公狼重达 80 千克。北极狼吃它们所能捕获的任何动物：从野鼠、旅鼠、野兔及小鸟到驯鹿及麝牛。它们必须成群猎捕驯鹿及麝牛等大型猎物。由于这个范围内掩蔽物极少，北极狼必须逼近有警觉的兽群防御圈，圈内有幼兽在中央。北极狼群绕着这群动物转，试图迫使它们分散开以便隔离出那些年幼或身体衰弱的成员来。一头麝牛就足够北极狼维持好几天的生活。北极狼是狼族中唯一没有受到生存威胁的，它们偏远的栖息地使它们可以远离人类，而避免了因人类威胁所带来的绝种危机。

阿卡迪亚岛

阿卡迪亚岛位于美国东部缅因州海岸附近，是5亿年来地质运动的壮丽结果。火山爆发喷出的岩浆被海水冷却，塑造了阿卡迪亚岛的雏形。后来，冰川时期的冰河在岛上奔流，重新塑造了阿卡迪亚岛，形成了美国东部独特的海湾——桑斯桑德海湾。这里最初是法国殖民地，由法国人命名为“秃山岛”。海和山巧妙的结合可以说是阿卡迪亚岛最大的特点。海显得气势磅礴，山顶的石头有点儿怪异，或光秃秃，或铺满苔藓地衣，植被上和别的岛有很大不同。

阿卡迪亚岛寂静的海湾

1604年，法国探险家萨缪尔·查普兰率领的探险船队在阿卡迪亚岛的浅滩搁浅。大雾遮蔽了他的视野，整个岛屿笼罩在朦胧之中，于是他把这座岛屿命名为“秃山”。1759年，欧洲人开始在岛上定居。19世纪初，美国艺术家汤姆斯·科勒和弗里德里克·切奇先后来到此岛寻找创作灵感。他们被这里的原始纯朴深深打动了，创作了一批风景画。随后，阿卡迪亚岛名声远播，逐渐成为美国富裕的工业家们的避暑胜地，洛克菲勒、卡内基、福特和摩根家族都在这里建造了豪华的别墅。

海 豚

1913 年，一个名叫乔治·多尔的人向美国联邦政府捐赠了将近 2.4 平方千米的岛上土地，以便大众能欣赏到这块土地上的美丽景色，并使这些土地上的景物能够得到保护。洛克菲勒家族随后也捐献了 4.45 平方千米的岛上土地。1919 年，美国总统威尔逊签署法案，确定在这些捐赠土地上成立拉斐特国家公园——这是密西西比河以东的第一个国家公园。1929 年，公园改名为“阿卡迪亚”。

起伏的山脉是阿卡迪亚岛最主要的地理特征。岛上草木丛生，山势成斜坡向下插入海洋。阿卡迪亚岛海湾聚集了丰富的海洋动植物资源，包括藻类、海螺、鲸和龙虾等各种海洋生物。海洋学家常年在这里观察海豚、海豹和海鸟的生活习性。长年不散的烟雾经常使海上一片模糊，船只的航行变得十分危险。阿卡迪亚岛海边矗立着 5 座灯塔，它们至今还在发挥作用。

基础小知识

海 螺

海螺属软体动物腹足类。产于沿海浅海海底，以山东、辽宁、河北居多，产期在 5~8 月。海螺贝壳边缘轮廓略呈四方形，大而坚厚，壳高达 10 厘米左右，螺层 6 级，壳口内为杏红色，有珍珠光泽。螺肉丰腴细腻，味道鲜美，素有“盘中明珠”的美誉。

卡迪拉克山脉是阿卡迪亚岛东海岸的一个奇特景观。它以发现底特律的法国探险者卡迪拉克命名。由于 1947 年的火灾，岛上近 4 平方千米的植被被烧毁，后来重新长出的云杉和冷杉更显蓬勃。人们可以骑自行车沿着洛克菲勒家族修建的道路深入森林探险，中途还可以领略约旦池塘、鹰湖的美丽原始景色。静静的森林里，海狸在蜿蜒的小河上筑坝建巢，忙忙碌碌。人们爬上萨格特峰或派诺斯各特山脉，还可以看到法国人海湾和桑斯桑德海湾令人惊叹的壮丽景观。

在阿卡迪亚岛的海里住着人类的朋友——海豚。海豚是海里智力最发达的哺乳动物。它是鲸类家族中最小的一种。海豚最大才 4 米多长，体重只有 100 多千克。它们的身体呈流线型。除了胸鳍之外，它们还长有一片背鳍，尾巴扁平而有力。海豚特别活泼，喜欢玩耍。它们有时爱找海龟游戏。海豚成群地游到海龟底下，用又尖又硬的鼻子一顶，把海龟顶向海面，然后就试图把它翻转过来，让它仰面朝天。有时一群海豚会同时跃起，一下子压向海龟，把它压得沉下水去好几米，不等海龟恢复平衡，又有几只海豚压下来，弄得海龟只好把头和四肢缩进龟壳。

海豚是海中最善于游泳的动物之一，它们的最快游泳时速能达到 80 ~ 120 千米，超过陆地上跑得最快的猎豹。海豚的大脑异常发达。它们的大脑与身体的比例仅次于人的大脑与身体的比例，而且大脑的沟回特别多，记忆力极好，其学习和模仿能力超过猿猴。海豚显得格外聪明，也容易与人交流。

广角镜

海龟的天敌

成年海龟的四鳍及头极易受到凶猛鱼类（如鲨鱼）的攻击，母龟在产卵后也可能成为鳄鱼、豹子等陆生食肉动物的食物。小海龟出生时，鸟类也会以它们为食。到了水中，小海龟也会成为一些海生动物的食物（如章鱼、鲨鱼等食肉鱼动物）。

冰火两重天

GUIFUTIANGONG DE DILI QIGUAN

雪山与火山这两种冰火的点缀无疑给地球增添了无限的光彩。从玉龙雪山、梅里雪山到瓦特纳冰川，从埃特纳火山到西伯利亚冰原，无论是火山还是雪山，都是世界上不可缺少的山脉。本章就重点向您介绍几种著名的雪山与火山，希望通过本章，能够让您了解更多关于“冰火”的知识。

玉龙雪山

玉龙雪山位于云南省西部。玉龙雪山为云岭山脉中最高的一列山地，由13座山峰组成，海拔均在5000米以上，南北长35千米，东西宽约20千米，群峰南北纵列，山顶终年积雪，山腰常有云雾，远远望去，宛如一条玉龙腾空，玉龙雪山因而得名。玉龙雪山景区包括整个玉龙雪山及其东侧的部分区域，以高山冰雪风光、高原草甸风光、原始森林风光、雪山水域风光令世人惊叹。

玉龙雪山

玉龙雪山是世界上北半球纬度最低的一座有现代冰川分布的极高山（极高山，是指海拔5000米以上，相对高度大于1500米，有着永久雪线和雪峰的大山），在地质历史上曾有近4亿年的时间为海洋环境。直到1亿多年前的中生代三叠纪晚期，发生了印支运动，玉龙雪山才从海底升起。又经过多年地壳运动，到了距今70万~60万年的中更新世早期，才形成高山、深谷、草甸相间的地貌形态，加上全球性气候多次明显变冷，从而发生了多次冰期。冰期时，巨大的冰川从玉龙雪山上远远地伸向山麓和山谷，从而留下了大量的冰川侵蚀地形与不同时期的各种冰川堆积物。玉龙雪山地质史上又经受过丽江冰期和大理冰期的直接影响，古冰川遗迹甚多，在冰川学上有特殊意义。

玉龙雪山主峰扇子陡，在一马平川的丽江坝子北端拔地而起，山脊呈扇面展开，像一个身着银盔玉甲、容貌英武刚强的勇士昂首云天。它与丽江古城仅隔 15 千米，高差却达 3200 米。山上万年冰封，山腰森林密布，山下四季如春，构成世界上稀有的“阳春白雪”景观。由于主峰山势陡峻，雄伟异常，迄今仍是无人登顶的“处女峰”。在扇子陡海拔 4500 米以上的山间，分布着 19 条冰川，还有冰塔林和“绿雪奇观”。冰川类型为悬崖冰川和冰斗冰川。冰斗之间的角峰和梳状刃脊，似一把把利剑插向云端，这些由玄武岩组成的高峰，被切蚀成巨大的金字塔状，无比雄壮。

玉龙雪山东麓，从南到北依次分布着干海子、云杉坪、牦牛坪等高山草甸，因海拔差异，加上周围森林花卉的映衬，形成了多姿多彩的牧场风光。干海子长 4000 米左右，宽约 1500 米，海拔 2900 米。干海子原为高山冰蚀湖泊，后来积水减少以至干涸，于是人称“干海子”。这里空间开阔，松林密布，草地如茵，是观赏玉龙雪山主峰的最佳位置。这里还残存大片冰碛石，为研究古代海洋沉积提供了便利条件。云杉坪是玉龙雪山东面的一块林间草地，约 500 平方千米，海拔 3000 米左右。云杉坪郁郁葱葱。在其周围的密林中，树木参天，枯枝倒挂，长满青苔。

每当冰雪消融，玉龙雪山东麓一股股水流便沿崖壁飞泻，像一匹匹白练飘落山涧。由于河床底石呈黑白两色，形成“白水”、“黑水”两条激流，穿林而过，轰然有声。白水河在干海子和云杉坪之间，河床、台地都由沉积岩类的石灰石碎块组成，呈灰白色，清泉从石上流过，于

云　豹

是人称“白水河”。它与北边相距 4000 米的黑水河走向大体一致，但地质构造却迥然不同。黑水河的河床多属岩浆岩类的玄武岩，呈青黑色。两河长流清泉，是现代冰川的融化潜流形成的。河谷两岸，植被繁茂，在雪山的映衬下更加苍翠秀美。

玉龙雪山从山脚河谷到峰顶具有中亚热带、温带至寒带的垂直带自然景观。尤其东坡地势相对平缓，植物带状分布特别明显：海拔 2400～2900 米为半湿润常绿阔叶林、云南松林带；海拔 2700～3200 米为硬叶常绿阔叶林带；海拔 3100～4200 米为亚高山寒温性针叶林带，云杉、红杉、冷杉分带明显；海拔 3700～4300 米为高山杜鹃灌木丛草甸带；海拔 4300～5000 米为高山荒漠植物带，在石缝中零星生长着雪莲花、绿绒蒿等植物；海拔 5000 米以上为无植物生长的山顶现代冰川积雪带。这种完整的山地垂直带系列是一般地区所不具备的，在科学研究上具有重要价值。

在玉龙雪山的原始森林群落中，有丽江铁杉、长苞冷杉、云南榧木、红豆杉等 20 余种国家保护的珍稀濒危植物。林中有杜鹃花 50 多种、报春花 60 多种、兰花 70 多种，是云南省著名的园艺类观赏植物的主要产地。山中还有天麻、乌头、虫草、贝母、三尖杉等 800 多种药材；有滇金丝猴、云豹、藏马鸡等 59 种珍稀动物；蝴蝶种类珍奇繁多，既有古北区和东洋区的蝴蝶资源，也有高山

> 广角镜
>
> **土贝母**
>
> 土贝母是葫芦科多年生攀援植物假贝母的块茎。主要产于河北、陕西、山西等地。土贝母性凉而味苦，能清热解毒、消肿散结、消痈排脓，临床常与牡蛎、天花粉、薏苡仁、鱼腥草、皂角刺、穿山甲、夏枯草、海藻、昆布等配伍，用于乳痈、瘰疬痰核、疮疡肿毒、流行性腮腺炎、急性淋巴结炎、淋巴结核等病症的治疗。

珍奇蝶类。

梅里雪山

梅里雪山位于云南省德钦县东 10 千米处，这里平均海拔在 6000 米以上的山峰就有 13 座，最高的是卡瓦格博峰，海拔 6740 米，为云南省的第一高峰。每年的秋末冬初，西藏、青海、四川、甘肃的大批香客不惜千里迢迢赶来朝拜，匍匐登山的场面令人叹为观止。

梅里雪山属于横断山脉，位于云南迪庆藏族自治州德钦县和西藏察隅县交界处，距离昆明 849 千米。梅里雪山属于怒山山脉中段，处于世界闻名的金沙江、澜沧江、怒江“三江并流”地区。它逶迤北来，连绵十三峰，座座晶莹，峰峰壮丽。在这一地区有强烈的上升气流与南下的大陆冷空气相遇，变成浓雾和大雪，并由此形成世界上罕见的低纬度、高海拔、季风性海洋性现代冰川。雨季时，冰川向山下延伸，冰舌直探 2600 米处的森林；旱季时，冰川消融强烈，又缩回到 4000 米以上的山腰。由于降水量大、温度高，该地冰川的运动速度远远超过一般海洋性冰川。剧烈的冰川运动，更加剧了对山体的切割，造就了令所有登山家闻之色变的悬冰川、暗冰缝、冰崩和雪崩。

由于垂直气候明显，梅里

你知道吗

关于雪崩的灾害

当山坡积雪内部的内聚力抗拒不了它所受到的重力拉引时，便向下滑动，引起大量雪体崩塌，人们把这种自然现象称作雪崩，也有的地方把它叫作“雪塌方”、“雪流沙”或“推山雪”。同时，它还能引起山体滑坡、山崩和泥石流等可怕的自然现象。因此，雪崩被人们列为积雪山区一种严重的自然灾害。

雪山的气候变幻无常，雪雨阴晴全在瞬息之间。梅里雪山既有高原的壮丽，又有江南的秀美。蓝天之下，洁白雄壮的雪山和湛蓝柔美的湖泊，莽莽苍苍的林海和广袤无垠的草原，无论在感觉上还是在色彩上，都给人带来强烈的冲击。

卡瓦格博峰

这里植被茂密，物种丰富。在植被区划上，属于青藏高原高寒植被类型，在有限的区域内，呈现出多个由热带向北寒带过渡的植物分布带谱。海拔 2000～4000 米左右，主要是由各种云杉林构成的森林，森林的旁边，有着延绵的高原草甸。夏季的草甸上，无数叫不出名的野花和满山的杜鹃、格桑花争奇斗艳，竞相怒放，犹如一块被打翻了的调色板，在由森林、草原构成的巨大绿色地毯上，留下大片的姹紫嫣红。

明永恰冰川

从德钦县沿滇藏公路北上，东行至 10 千米处的飞来寺，但见澜沧江对岸数百里冰峰接踵，雪峦绵亘，气势非凡。这便是闻名遐迩的云南第一峰——卡瓦格博峰。

梅里雪山诸多海拔在 6000 米以上终年积雪的雪峰下蜿蜒着一条条冰川，其中最壮观的冰川是明永恰冰川。这条冰川是因它之下的村寨名而得名的。明永恰的冰川下有村名叫“明永”，意为“火盆的村寨”，因该村处于热河谷地带，气候较为温暖，故得此名。“恰”在藏语中指冰川，明永恰，即明永冰川。还有一种解释，“明永”意为明镜，传说明永恰冰川是卡瓦格博这位护法将军的护心镜。

明永恰冰川从海拔6740米的卡瓦格博峰一直铺展到海拔2660米的森林中，绵延12千米，平均宽度为500米，总面积约为6平方千米，年融水量2.3亿立方米。冰川冬季下延，夏季退缩，延伸幅度大，消长的速度快，是世界上稀有的低海拔冰川。

登临冰川，你会感到景致光怪陆离，看到的有飞架的冰桥以及冰洞的碧绿晶莹，纤细的冰芽、冰笋、千姿百态的冰的世界令人感到趣味无穷。

海螺沟

海螺沟位于我国四川省甘孜藏族自治州泸定县境内，是发源于贡嘎山主峰东坡的一条冰融河谷，以低海拔现代冰川、大冰瀑和温泉著称。海螺沟冰川长15千米左右，尾端伸入海拔2850米的原始森林区，是地球上同纬度海拔最低的一条现代冰川。海螺沟6000米以上的落差，形成了自然界独特的7个植被带、7个土壤带，荟萃了我国大多数的植物种类。海螺沟呈垂直分布的植被与冰川、温泉、原始森林共生，世所罕见，蔚为壮观。

海螺沟冰川

海螺沟冰川生成于大约1600年前，地质学称其为现代冰川。独特的地质构造形成了壮观的地理布局和特别的植物分布。这里冰面河、冰面湖、冰下河、冰川城门洞、冰裂隙、冰阶梯、冰石蘑菇、巨大的冰川漂砾、冰川弧拱遍布峡谷，两侧高逾数百米的留有冰川擦痕的绝壁，还有黛绿色的原始森林等，形成唯冰川所有的独特景观。海螺沟冰川共有3条，其中1号冰川长14.7千米，为3条冰川中最长的，伸进森林线内6千米。这条冰川是亚洲同纬度冰川中海拔最低、面积最大的。2、3号冰川长度分别为4.8千米和4.2千米。在这冰天雪地的冰川世界里，有温泉点数十处。水温介于40℃~80℃，其中更有一股水温高达90℃的沸泉。海螺沟冷热集于一地，甚为神奇。

海螺沟大冰瀑布

大冰瀑布位于海螺沟冰川的上部，是一个巨大的陡壁。大冰瀑布高1080米，宽500~1100米，是我国最高最大的冰瀑布。这个巨大无比的固体冰瀑，仿佛从蓝天直泻而下的一道银河，像顶天立地的巨大银屏，屹立在冰川上。冰崩时，冰体间剧烈的撞击和摩擦会产生放电现象，一时间雪雾漫天，蓝光闪烁，声声如雷，震天撼地，动人心魄，堪称自然界一大奇观。

海螺沟地理条件独特，沟内高差达6000米左右，基于此，在沟内形成了明显的多层次的气候带、植被带和土壤带，将2500种从亚热带至寒带的野生植物集中在一个风景区内。从山谷的棕榈树、青翠的竹林到原始森林的参天古木、万花烂漫的大片野生杜鹃，直至高海拔地带色彩缤纷的草本野花和地衣类植被都可在海螺沟内看到。

瓦特纳冰川

瓦特纳冰川在冰岛东南部，排名世界第三，是欧洲最大的冰川。冰川面积约8400平方千米，相当于该国面积的1/12，仅次于南极冰川和格陵兰冰川。冰川海拔约1500米，冰层平均厚度超过900米，部分冰层的厚度超过了1000米。瓦特纳冰川是冰岛最大的冰川，令人感到奇特的是在冰中分布着熔岩流、火山口和热湖。所以，人们通常称冰岛为“冰与火之地”。

在瓦特纳冰川上，冰块之多几乎相当于整个欧洲其他冰川的总和。它覆盖的面积差不多等于英国威尔士的一半。其平滑的冠部更伸展出许多条大冰舌。冰雪从荒漠中升起，穿过山区，形成一大片白色平原，厚达900米以上，以致寸草不生。

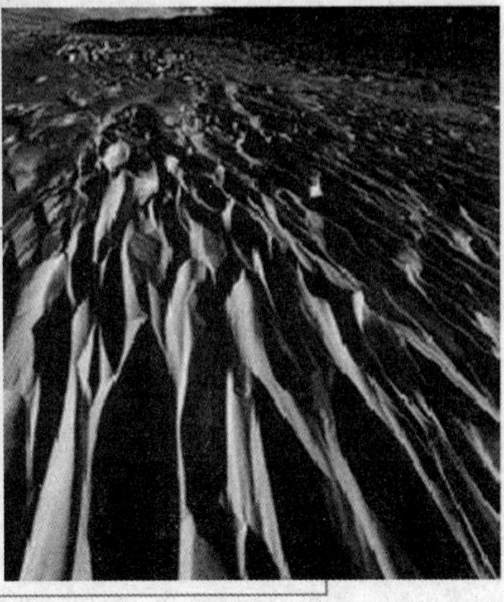

瓦特纳冰川

瓦特纳冰川的东南两端各有布雷达梅尔克冰川和斯凯达拉尔冰川。东端的布雷达梅尔克冰川有蜿蜒曲折的条状岩石，还有从高地山谷冲刮下来的泥土。冰川的末端是个潟湖。巨大而坚硬的厚冰块偶尔从冰川分裂出来，水花四溅发出巨响，形成了一座座冰川，漂浮在潟湖上。在这两条冰川之间有一个小冰川，名为厄赖法冰川，覆盖着与冰川同名的火山。

基础小知识

冰　川

冰川或称冰河，是指大量冰块堆积形成的如同河川般的地理景观。在终年冰封的高山或两极地区，多年的积雪经重力或冰河之间的压力，沿斜坡向下滑形成冰川。受重力作用而移动的冰河称为山岳冰河或谷冰河，而受冰河之间的压力作用而移动的则称为大陆冰河或冰帽。

厄赖法火山的高度在欧洲排名第三，它曾在14和18世纪时先后有过两次毁灭性的爆发。瓦特纳冰川永不静止的特性是冰岛的典型风光。目前，瓦特纳冰川仍以每年800米的速度流转入较温暖的山谷中。当它在崎岖的岩床上滚动时，会裂开而形成冰隙。冰块在抵达低地时逐渐融化消失，留下由山上刮削下来的岩石和沙砾。

北极熊

瓦特纳冰川下埋藏着的格里姆火山是该冰川底下最大的火山。火山的周期性爆发融化了周围的冰层，冰水形成湖泊。湖水不时地突破冰壁，引起洪灾。格里姆火山口内的热湖深488米。湖泊被200米厚的冰所覆盖，但来自底下的热量使部分冰融化了。冰变成水后便占据了更大的空间。在格里姆火山口，不断增大的水量最终会冲破冰层。这种猛烈的喷涌使水流带走了其路径中的一切，包括高达20米的冰块。20世纪以来，格里姆火山每隔5～10年即爆发一次。火山喷发的火焰与冰川移动的冰块构成瓦特纳冰川变幻莫测的气氛。

瓦格纳有一种让人既爱又怕的动物，那就是北极熊。北极熊生活在包括冰岛在内的整个北极地区。北极熊以捕食海豹为生，特别是环斑海豹，紧靠着海洋，有一块块断裂开来的浮冰和来这里繁衍的海豹。北极熊常趴在冰面上海豹的通气孔旁边等着，或当海豹爬上冰面休息时就蹑手蹑脚地扑过去。

广角镜

北极熊的毛发

北极熊的毛是无色透明的中空小管子，但它的皮肤是黑色的，我们从它们的鼻头、爪垫、嘴唇以及眼睛四周的黑皮肤上就能看见皮肤的原貌。黑色的皮肤有助于吸收热量，这又是保暖的好方法。

北极熊为了觅食而长途跋涉，路程长达 70 千米。它们每天都找寻食物，当冬天海水结冰，浮冰面积扩大时它们会向南迁徙，夏天再回到北边。初冬时分，雌熊便不再四处游荡，它会在雪地上挖一个洞，在洞里产下 2 ~ 3 只熊仔。

熊妈妈乳汁中脂肪的含量很高，靠着这么丰富的营养，熊仔会迅速长大，并能保持体温。在 3 月或 4 月时，它们便从积雪的家中出来，此后再跟母亲一起待上两年。

北极熊很适应寒冷地区的生活。它们那白色的皮毛与冰雪同色，便于伪装，而且又厚又防水。皮下的脂肪层可以保暖。除了鼻子、脚板和小爪垫，北极熊身体的每一部分都覆盖着皮毛。多毛的脚掌有助于在冰上行走时增加摩擦力而不滑倒。

菲律宾火山

菲律宾处于环太平洋火山带上，是这一地带上火山活动最活跃的国家之一。地壳板块的移动是火山形成的根本原因。在太平洋边缘的大陆板块和海床板块相互摩擦碰撞时，周围陆地边缘形成了火山。菲律宾火山众多，爆发频繁，有些火山的爆发甚至影响到了全世界。著名的有阿波火山、马荣火山和皮纳图博火山。

马荣火山

阿波火山是菲律宾全国的最高峰，位于棉兰老岛达沃市西南约 40 千米处，海拔 2954 米，是一座活火山，至今仍经常冒烟。山南坡有富有传奇色彩的土达亚瀑布。这条瀑布从一个壁龛处飞泻而下。传说这个壁龛是由一名叫土达亚的美丽姑娘雕刻的，因而得名。瀑布时而潺潺细响，时而金鼓轰鸣，颇为奇特。菲律宾政府围绕阿波火山建成了一处公园，名字就叫阿波公园。公园面积约 800 平方千米，园内还有温泉、硫黄矿和珍稀动物吃猴鹰等。

1991 年皮纳图博火山爆发

马荣火山是菲律宾最大的活火山，在黎牙实比西北，有完整的火山锥，方圆达 130 多千米，高 2400 多米。马荣火山呈圆锥形，顶端为熔岩覆盖，呈灰白色，绮丽、壮观，被人们誉为“世界上最完美的火山锥”。传说古代此地有一个女子，容貌美丽，心地善良，为救父亲而牺牲了自己的生命。人们为其孝心所感动，为她修建了一座大坟墓，后来这坟墓竟长成高峰，外形很像日本的富士山，又常有白云缭绕，显得格外壮观。山的上半部几乎没有树木，下半部长出一片片茂密的森林，有的地方从山上一直到山脚下都可以看到火山喷发时留下的痕迹。马荣火山至今仍时常冒烟。白天，不断喷出白色烟雾，凝成云层，遮住山头。入夜，烟雾呈暗红色，整个火山像一个巨大的三角形蜡烛座耸立在夜空中。1616 年以来，马荣火山爆发达 30 多次。最大的一次是在 1814 年 2 月，周围城镇尽遭破坏，只剩下卡葛沙威教堂的塔尖露出地面。

皮纳图博火山位于菲律宾吕宋岛，东经 120. 35 度，北纬 15. 13 度，海拔 1486 米。1991 年前，皮纳图博火山并不知名，当地没有人经历过火山喷发，也未发现关于该火山喷发的历史记录。1991 年 6 月 15 日的爆炸式大喷发是 20 世纪世界上规模最大的火山喷发之一，喷出了大量火山灰和火山碎屑流。火山喷发使山峰的高度大约降低了 300 米。

菲律宾火山地震研究所和美国地质调查局的火山学家对皮纳图博火山的爆发做出了预测，从而挽救了成千上万人的生命。然而，猛烈的火山喷发还是造成了超过 300 人死亡和巨大的财产损失。

知识小链接

菲律宾

菲律宾共和国（简称菲律宾），位于亚洲东部，是由西太平洋的菲律宾群岛（7107 个岛屿）所组成的国家。19 世纪末菲律宾经历了对西班牙革命、美西战争、美菲战争之后，成为美国殖民地。

皮纳图博火山未发现火山喷发的历史记载。地质学家对皮纳图博火山沉积物进行了放射性同位素测年，获得3个C－14年龄，其中最年轻的为635±80年。根据上述年龄，菲律宾火山地震研究所把皮纳图博火山划为活火山。

皮纳图博火山周围生活着1万多土生土长的山民，近百万人生活在附近3个省的城镇和军事基地。1991年皮纳图博火山的成功预报极大地减少了人员损失。在火山监测、预报和疏散过程中，一个巨大的障碍是人们的怀疑态度，因为即使在最年长者的记忆中也从未有过火山喷发的经历，甚至也没有听到他们的长辈提起过。人们不相信火山会真的喷发。事实上，在世界上大多数长期休眠的活火山周围，人们普遍缺少对火山灾害的危机意识，其中也包括政府官员和科学家。皮纳图博火山的爆发为我们敲响了警钟。

堪察加火山群

堪察加火山群，位于俄罗斯远东地区的堪察加州。勘察加火山群是世界上最著名的火山区之一，它拥有高密度的活火山，而且类型和特征各不相同。5座具有不同特征的火山构成了堪察加半岛的奇异景观，也把这里不断发展的火山活动和各具特色的火山种类这些非同寻常的特征展现在世人面前。除了它的地质

勘察加火山

特征外，勘察加火山还以它的优美景观和众多的野生动物著称于世。

堪察加半岛是世界上火山活动最活跃的地方之一。各种各样的火山现象，如间歇泉、富含矿物质的温泉都可以充分证明这一点。半岛上有 300 多座火山（包括破火山口、层火山、外轮火山及混合类型火山），其中有 29 座火山近期内活动十分频繁。留契夫卡雅火山是欧亚大陆最高的火山，海拔 4750 米；在其南部的克罗斯基自然保护区中还有不少死火山。半岛的中央被两座山脉环绕着，形成了类大陆性的气候，而除此之外的其他地区受海洋影响较大。这里 1 月份平均温度为 -8℃，7 月份平均温度为 10℃；西海岸因为冰冷的鄂霍次克海的影响，气温明显偏低。堪察加半岛各部分的降水情况迥异：中部地区的年均降水量少于 400 毫米，沿西海岸地区为 1000 毫米左右，而南部地区可达到 2000 毫米。

堪察加半岛上有四大奇观：

一是火山。火山遍布全境，达 160 余座，其中活火山 28 座。

二是喷泉。半岛上的冷热喷泉很多，仅热喷泉就有 85 处，还有罕见的间歇泉，以克罗斯基自然保护区内为多。喷泉成分各异，有酸性泉、硫磺泉、氨碱泉等。间歇泉中以“巨人泉”最为壮观。此泉喷发时间虽不长，但很强烈，先是泉水注满出口，而后冒泡沸腾，最后巨大的水柱突然腾空而起，喷高可达 10 ~ 15 米，整个河谷便笼罩在云雾之中。霎时间，河水淙淙，泉水汩汩，热气腾腾，地下隆隆，令人惊心动魄。而在间歇泉密集的舒纳亚河支流地区，群泉竞喷，此起彼落，云雾缭绕，又

巨人泉

是另一番风景。

三是死亡谷。死亡谷坐落在基赫皮内奇火山山麓、热喷泉河上游，在克罗斯基保护区南部。峡谷长2000米，宽100～300米，海拔1000多米，有山涧穿谷而过，流水清澈见底。山谷四周峭壁峥嵘，峰顶白雪皑皑。这里的西山坡上草木茸茸，东边却是光秃秃的一片。峡谷里经常弥漫着轻纱般的薄雾。在这里，不管是粗壮的黑熊，还是机灵的田鼠，有时会很快暴亡，难逃厄运，故被人称为死亡谷。其原因在于谷底有含硫岩层，有纯硫裸露，常溢出有毒的硫化氢气体。刮西风时，峡谷出口被封，毒气无法升腾消散，来此觅食的动物便中毒死亡。只有强烈的东风和北风刮来时，地下的毒气才被稀释消散，此时入谷方安全无虑。

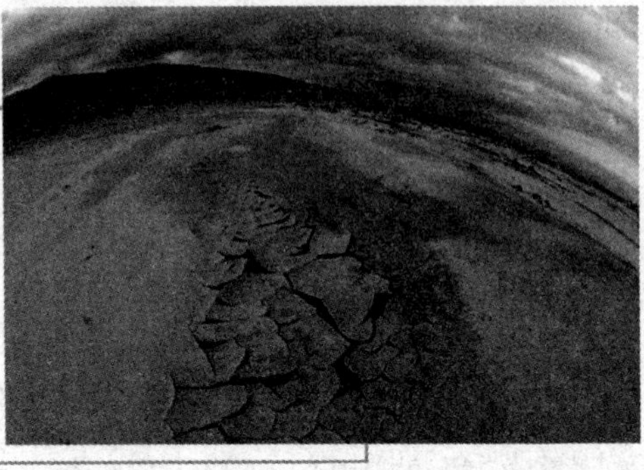

死亡谷

四是海潮。西北部品仁纳湾内的海潮是一大奇观，海潮经常高达13米左右，比3层楼还高。

堪察加湖保护区位于俄罗斯远东地区。由于堪察加半岛几乎四面环海，气候潮湿而凉爽，所以植被繁茂。人类在此开发的力度并不是很大，这使

广角镜

大马哈鱼的生活环境

大马哈鱼的鱼子和幼苗只能在淡水中生存，它们一般把卵生在淡水系统的江河上游的沙砾区域。卵孵化出幼苗并生长一段时间后顺流而下进入咸水系统的海洋之中，在物质富饶的海洋中生长发育积蓄能量，经过4年左右的生长达到性成熟后，又会洄游淡水江河中产卵。大马哈鱼主要栖息在北半球的大洋中，以鄂霍次克海、白令海等海区最多。

得原始森林基本上保留了原貌。白桦、云杉、落叶松等针叶林主要生长在山谷中；河边的冲击土壤上是成片的白杨、桤木和柳树林；其他植被分布在泥炭沼、亚高山带灌木丛、高山苔原，以及宽达 50 千米的辽阔的沿海湿地。

堪察加湖保护区向世人展示了一派岛上风情，这里的动物种类相对较少，但数量却相当可观。熊、雪羊、北方鹿、紫貂和狼獾是该地区的典型动物类型。据记录，堪察加湖保护区的哺乳动物有几十种，主要包括麝鼠、水貂、加拿大海狸、麋鹿、棕熊和雪羊。目前这里尚未发现爬行动物，只有一种两栖类动物。与此形成鲜明对比的是，各种各样的鸟应有尽有，数不胜数，其中有一些属世界濒危物种。全球 50% 的阿留申燕鸥栖息在堪察加半岛上；岛上几乎所有的河流中，尤其是那些未被污染过的，都生活着大马哈鱼，这种鱼是食肉鸟类及哺乳动物食物链上关键的一环。但近年来，海滨附近违法的捕鱼行为屡禁不止，加上现代工业对大马哈鱼的产卵地造成了很大威胁，所以它们目前业已上了俄罗斯濒危物种名单。

西伯利亚冰原

西伯利亚冰原是一片广阔的大平原，湖泊和沼泽星罗棋布，大部分地区长满了苔藓。这片冰原位于西伯利亚北部，沿北极冰盖边缘延绵 3200 千米，属于欧亚大陆最北部泰梅尔半岛的典型景色。

20 世纪 80 年代的一个夏天，作家和动物学家杰拉尔德与德罗尔游历了泰梅尔半岛。他们记述，那里的冻土上长满苔藓和草本植物，苔草之间夹杂着雏菊似的小花和毋忘草般细小的百合蓝色的花，遍地都有矮柳丛在翠绿色的苔藓中茁壮地开放着粉红的花。

每年有 3 个月太阳不落。但即使在仲夏，气温也只有 5℃ 左右。冬季则有一段时间全是漫漫长夜，不过比夏季太阳不落的时间短。这时只能看到月光，偶尔还可见到极光。冬季的气温可降至 -44℃。因而留给植物开花和结子的时间很少。这里的植物大多是多年生的，为了免遭冷风袭击，长得很矮小，生长也缓慢。

猛犸化石

冻原的大部分下层土都是永久土，最厚的冻土层深达 1310 米。冬季，所有土壤都变成硬的冻土；夏季，最上层的土壤化成薄薄的湿土，使植物能在此扎根、生长。在最北面，湿土层只有 150～300 厘米厚，但是越往南，湿土层越厚，最厚可达 3 米，即使是桦树和落叶松等植物也难茂盛生长。泰梅尔半岛有许多地方是龟裂冻原，是一种由垄埂把沼泽和小湖割成不规则蜂窝状的特殊地貌。在裂缝中逐渐形成的冰楔产生强大压力，使地面凸起成垄，而解冻的泥土和融化的冰则随之沿坡而下聚成湖沼。

在冻原上，有时可以发现

你知道吗

猛　犸

猛犸，古脊椎动物，哺乳纲，长鼻目，真象科，最著名的种类是真猛犸象，即长毛象。猛犸的生活年代约 1.1 万年前，源于非洲，早更新世时分布于欧洲、亚洲、北美洲的北部地区，可以适应草原、森林、雪原等环境，少数种类如真猛犸披有长毛，有一层厚脂肪可隔寒，夏季以草类和豆类为食，冬季以灌木、树皮为食，以群居为主。最后一批真猛犸象大约于公元前 2000 年灭绝。

早已绝种的长毛猛犸的骨骼和长牙。几世纪来，西伯利亚人从冻土中挖出猛犸的长牙卖给象牙商。

肩高4米的猛犸曾活跃在欧亚大陆北部和北美洲，其牙长达4尺半，约在1.2万年前灭绝。不少猛犸的遗骸——包括完整的猛犸尸体保存在永久冻土中，主要在西伯利亚。“猛犸”一词源于西伯利亚的鞑靼语，意思是“地下居住者”。一具几乎完整无损的猛犸尸体是1799年由一名找象牙者在利纳半岛发现的，1803年被完全挖掘出来，交给科学家进行研究。

贝兰加高原是泰梅尔半岛的脊梁，高约1500米。在高原的南缘，是泰梅尔湖。这是北极最大的湖泊，但深度只有3米左右。春季，湖里注满融水，夏季有3/4的水流入河流，冬天全部冻结。湖岸是麝牛和驯鹿的栖息地。旅鼠则在苔藓下面打洞穴居，它们是北极狐和雪枭的主要食物。狼也在此出没，主要捕食驯鹿和麝牛。

许多动物入冬就向南迁徙到较为温暖的地方，鸟类亦然。夏季，湖泊和小岛成了红胸雁等水鸟筑巢产卵的理想场所。在西伯利亚西部，沼泽洼地一直从鄂毕河延伸到乌拉尔山脉；稀有的西伯利亚鹤就在鄂毕河下游度过夏天。

埃特纳火山

埃特纳火山是意大利著名的活火山，也是欧洲最大的火山，位于意大利南部的西西里岛，海拔高度约3300米。埃特纳火山下部是一个巨大的盾形火山，上部为300米高的火山渣锥，说明在其活动历史上喷发方式发生了变化。由于埃特纳火山处在几组地层断裂的交汇部位，一直活动频繁，是有史以来喷发历史最为悠久的火山。其喷发史可以上溯到公元前1500年，到目前为止已喷发过500多次。

埃特纳火山

粗看起来埃特纳火山与一般的山峰没什么两样，因其海拔较高，山顶还有不少积雪。但仔细看就会发现，地下的火山灰就像铺了一层厚厚的炉渣，凝固的熔岩随处可见。站在火山之巅，人们能感觉到脚下的火山正在微微地颤抖，好像随着脉搏一起跳动，这就是典型的火山性震颤。据当地火山监测站人员观测发现，每日午后两点左右，火山震颤达到最高峰。埃特纳山上还不时地发出沉闷的声响，那是气体喷出的声音。火山的热度会通过地表传到人的脚上，使人觉得脚底也是温热的。

在火山口的侧壁上，还可以清楚地看见一个直径两三米的大圆洞，形状很规则，就像人为挖的洞一样，里面还不时地逸出气体。山上遍布着大大小小的喷气孔，硫质气味很浓，喷气孔旁边常有淡黄色的硫磺沉淀下来。山顶上还分布着几条大裂缝，宽 20 ~ 50 厘米，可能是地下岩浆上隆时，地表发生变形造成的。这些现象都说明埃特纳火山的活动性是很强的。一阵风吹来，火山喷出的有毒气体就迅速弥漫开来，一阵浓浓的硫黄味飘过，浓烟很快就会包裹山上的一切，使人胸闷、窒息。

埃特纳火山被称为世界上爆发次数最多的火山。有文献可以证明的第一次爆发发生在公元前 475 年，距今已有 2400 多年的历史。它至今已爆发 500 多次。1699 年的一次爆发，滚滚熔岩冲入卡塔尼亚市，使整个城市成为一片火海，两万多人因此丧生。

19 世纪以来，埃特纳火山的爆发更为频繁。1852 年 8 月的爆发是规模较大的一次。火山连续喷射了 372 天，喷出的熔岩达 100 万立方米，摧毁了附近几座市镇。1979 年起，埃特纳火山的喷发活动持续了 3 年，其中 1981 年 3 月 17 日的喷发是近几十年来最猛烈的一次。从海拔 2500 米的东北部火山口喷出的熔岩夹杂着岩块、砂石、火山灰等，熔岩以每小时约 1000 米的速度向下倾泻，覆盖了一大片的树林和广阔的葡萄园，吞没了数百间房舍。此后埃特纳火山在 1987 年、1989 年、1990 年、1991 年、1992 年和 1998 年多次爆发。

2001 年，熔岩从火山的喷口中流出，流向附近地区。最近的一次爆发则是在 2002 年 10 月下旬，顶端的火山口中，喷起含有火山灰的烟柱。据统计，自埃特纳火山首次喷发以来，累计造成的死亡人数已达 100 万。由于它是活火山，火山口始终冒着浓烟。入夜，火山孔道里的熊熊烈火影射在烟云上，十分壮观。在每次火山爆发时，来自欧洲各国乃至世界各地的游客，难以计数。

尽管埃特纳火山给当地居民的生命财产造成了巨大威胁，但火山喷吐出来的火山灰铺积而成的肥沃土壤，为农业生产提供了极为有利的条件，以致该地区人口稠密、经济兴旺。海拔 900 米以下的地区，多已被垦殖。这里广布着葡萄园、橄榄林、柑橘种植园和栽培樱桃、苹果、榛树的果园。由当地出产的葡萄酿成的葡萄酒更是远近闻名。而在埃特纳火山海拔 900 ~ 1980 米的地区为森林带，林木葱绿，有栗树、山毛榉、栎树、松树、桦树等，也为当地提供了

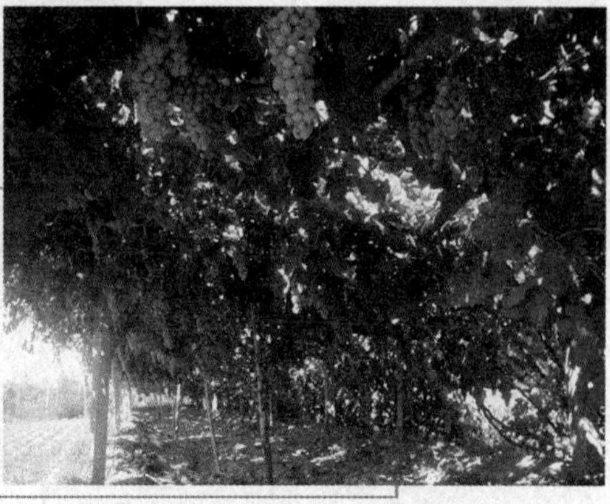

埃特纳火山下的葡萄园

大量的木材。海拔 1980 米以上的地区，则遍布着沙砾、石块、火山灰和火山渣等火山堆积物，只有稀疏的灌木及藻类。这里也有一些地方终年积雪。

维苏威火山

维苏威火山是意大利乃至全世界最著名的火山之一，位于那不勒斯市东南，海拔高度 1281 米。维苏威火山在历史上多次喷发，最为著名的一次是公元 79 年的大规模喷发。灼热的火山碎屑流毁灭了当时极为繁华的拥有两万多人口的庞贝古城。其他几个有名的海滨城市如赫库兰尼姆、斯塔比亚等也遭到严重破坏。直到 18 世纪中叶，考古学家才把庞贝古城从数米厚的火山灰中挖掘出来，那些古老的建筑和姿态各异的尸体都完好地保存着，这一史实已为世人熟知，庞贝古城至今仍是意大利著名的游览胜地。

维苏威火山

今天，如果我们到维苏威火山顶火山口的边沿去观察，很难想象到公元 79 年的那次巨大的灾难就是从这个火山口降临到周围地区的。从火山口里冒出来的几缕蒸汽只是极有限地向我们透露着火山仍然生存着的迹象。

目前，维苏威火山正处在爆发结束以后一个新的沉寂期。如果按照它以往的记录推算的话，维苏威火山的下一个活跃期距离我们今天还相当遥远。但是，大自然的活动有时并不严格遵循某种规则，说不定什么时候就会有一股热流从火山口冲出地面。虽然出现这种现象的可能性并不大，但也绝非不可能。

从高空俯瞰维苏威火山的全貌，那是一个漂亮的近乎圆形的火山口，正是公元79年那次大喷发形成的。维苏威火山并不太高，走在火山渣上面脚底下还发出沙沙的声音。由于维苏威火山一直很活跃，因此后期形成的新火山上一直没有长出植被，看起来有点秃。而早期喷发形成的位于新火山外围的苏玛山上已有了稀疏的树木。站在火山口边缘可以看清整个火山口的情况。火山口深100多米，由黄、红褐色的固结熔岩和火山渣组成。从熔岩和火山灰的堆积情况还可看出维苏威火山经历了多次喷发，熔岩和火山灰经常交替出现。尽管自1944年以来维苏威火山没再出现喷发活动，但平时维苏威火山仍不时地有喷气现象，说明火山并未“死去”，只是处于休眠状态。

维苏威火山地区最让人神往的莫过于庞贝古城了。公元前50年，著名的古希腊地理学家斯特拉博内提出假说，断定维苏威地区的岩石为火成岩，但他却没有发现火山再次进入活跃期的任何征兆，甚至在公元62年一场大地震肆虐维苏威地区之后，人们还仍然认为维苏威山是一座宁静的平顶山峰。公元79年8月初，维苏威火山周围的地区又发生了多次震颤。与此同时，数口水井干涸了，泉水停止了涌动，所有这些都在表明地球

广角镜

地震的时间分布

地震活动在时间上具有一定的周期性。表现为在一定时间段内地震活动频繁、强度大，称为地震活跃期；而另一时间段内地震活动相对来讲频率少、强度小，称为地震平静期。

内部的压力在升高。

8 月 20 日，这一地区发生了一次震级不高的地震。马和牛群表现得兴奋异常、惊慌不安，鸟却出奇的安静。对公元 62 年的地震还记忆犹新、心存恐惧的人们纷纷收拾起财物，开始向安全地带撤离。他们走得再及时不过了。

8 月 23 日夜晚或 24 日清晨，火山灰开始从火山口溢出，下风处的地上铺上了薄薄一层火山灰。刚发生的一切看上去似乎仍无大碍。但是，在下午 1 点钟左右，火山这个恶魔开始显露出狰狞的面目。随着巨大的爆裂声，火山口的底部像一个封住固体岩浆的塞子，在巨大的压力下终于再也承受不住，被撕成碎块冲上天空。维苏威火山变成了一门巨大的、炮口冲天的火炮。熔岩以大约两倍声速的速度向大气层喷射。在冲上天空的过程中，它们被粉碎成小颗粒，冲势也渐渐减弱下来，扩散成一个大云团，被气流带往东南方向。庞贝和斯塔比亚即将遭受岩屑和碎石的暴雨般的袭击。

30 多千米之外，在海湾另一端的米塞纳海港，一位受惊的年轻人目睹了这次火山爆发。这位少年历史上称为小普林尼，当时他正和母亲一道来到米塞纳拜访他的叔父老普林尼。按照他的记述，云团在火山爆发的第一阶段酷似一棵松树。先是升腾到天空，像树干一样，然后从顶端发散出分叉。颜色时白时黑，黑白相间，好似含有尘土和火山渣。与此同时，维苏威火山东南方向的海岸和丘

重见天日的庞贝古城

陵地带已变成一个恐慌的世界。随高空气流而至的云团覆盖了庞贝和附近的庄园，将它们笼罩在一片黑暗之中。接踵而至的是无休止的岩屑雨，这些岩石小的还不及米粒，大一些的则似拳头。这些岩屑是一种气体释放后形成的多孔的、重量较轻的石头，但大约10%是实心石头。尽管落下来的大部分是浮石，但是由于下降速度很快，这些较重的抛射物使不少人丧生。火山灰在这一地区飘落了几天之久，致使庞贝的大部分地方从人们的视野中消失。火山最后一次喷发释放出的火山灰几乎覆盖了所有剩余的一切，掩盖了城市痛苦不堪的最后挣扎。

根据测算，这次火山爆发持续了30多个小时，喷发到地面的物质大约有3立方千米。“庞贝爆发”在我们所知道的火山爆发中占有重要的地位，当然也是人口稠密区规模最大的火山爆发。直到18世纪初期考古挖掘以前，庞贝是在地面上被勾销了的古城。

乞力马扎罗火山

乞力马扎罗山位于坦桑尼亚的东北部。乞力马扎罗山海拔5895米，是非洲第一高峰，素有“非洲屋脊”之称。“乞力马扎罗”的意思是“光辉的山”。它在辽阔的热带绿色草原上拔地而起，附近没有其他山峰，因此被称为“非洲大陆之王”。因为山顶终年冰雪覆盖，所以又有“赤道雪峰”之称。乞力马扎罗山四周都是山林，那里生活着众多哺乳动物，其中一些还是濒于灭绝的种类。

乞力马扎罗山有两个主峰，一个叫基博，另一个叫马文济。两峰之间由一个10多千米长的马鞍形的山脊相连。远远望去，乞力马扎罗山是一座孤单耸立的高山，在辽阔的东非大草原上拔地而起，高耸入云，气势磅礴。雄伟的蓝灰色的山体同其白雪皑皑的山顶一起，赫然耸立于坦桑尼亚北部的半荒漠地区，如同一位威武雄壮的勇士守卫着非洲这块美丽富饶的大陆。

乞力马扎罗火山

乞力马扎罗山是一座至今仍在活动的休眠火山。基博峰顶有一个直径 2400 米、深 200 米的火山口。口内四壁是晶莹无瑕的巨大冰层，底部耸立着巨大的冰柱，冰雪覆盖，宛如巨大的玉盆。

疣　猴

乞力马扎罗山实际上有 3 座火山，通过一个复杂的喷发过程把它们连接在一起。最古老的火山是希拉火山，位于主山的西面。它曾经很高，是伴随着一次猛烈的喷发而坍塌的，现在只留下高 3810 米的高原。第二古老的火山是马文济火山，它是一个独特的山峰，附属于最高峰的东坡。乍看它似乎比乞力马扎罗峰毫不逊色，但它隆起的高度只有 5334 米。

3 座火山中最年轻、最大的是基博火山，它是在一系列喷发中形成的，并被约 2000 米宽的破火山口覆盖着。在相继的喷发中，破火山口内发育了一个有火山口的次级火山锥，在稍后的第三次喷发期间，又形成了一个火山渣锥。于是基博巨大的破火山口构成的扁平山顶，成了这座美丽的非洲山脉的特征。

关于乞力马扎罗雪峰的形成，有许多传说。一种传说是，这里曾发生过天神恩赅与恶魔的激战。恶魔从山内点燃大火，烟雾腾腾，火光冲天。天神针锋相对，用暴雨将大火浇灭，终于战胜恶魔。从此，乞力马扎罗山戴上了灿烂的雪冠。

在山脉的顶部是乞力马扎罗的永久冰川。这是极不寻常的，因为该山位于赤道之南仅 3 度处，但近来有迹象表明这些冰川在后退。山顶的降水量一年仅 200 毫米，不足以与融化而失去的水量保持平衡。有些科学家认为火山正在再次增温，加速了融冰的过程。而另一些科学家则认为，这是全球气候变暖的结果。无论是什么引起的，乞力马扎罗山的冰川现在比上个世纪缩小了是没有争议的。如果这种情况保持不变的话，乞力马扎罗山的冰帽到 2200 年将消失。

为保护乞力马扎罗火山的独特面貌和珍稀物种，人们于 1968 年建立了乞力马扎罗国家公园。乞力马扎罗国家公园在海拔 1800 米和乞力马扎罗峰之间，面积 756 平方千米。乞力马扎罗国家公园的景色丰富多彩，海拔 1000 米以下是莽莽苍苍的热带雨林，海拔 2900 米以上是高山灌木和草丛，雪线以上是苔原和冰原。

你知道吗

适宜香蕉的生长环境

香蕉喜湿热气候，在土层深、土质疏松、排水良好的地里生长旺盛。在类似牙买加南部的半干旱地区灌溉栽培也已成功。野生香蕉采用种子栽培，人工香蕉可用吸根和假鳞茎分株栽培；第一次收获需 10 ~ 15 个月，之后几乎连续采收。

公园内栖息着大象、疣猴、蓝猴、阿拉伯羚、大角斑羚等多种野生动物。

山脚下种植着大片的咖啡和香蕉，再往上就是森林了。每年充足的降水为林木的生长提供了足够的水分。在山上，蕨类植物能长到 6 米多高，而一些落叶林则常常高达 9 米多。海拔 2740 米以上，林木渐少，此处的主要植物是草类和灌木，有时会看到大象在草地上漫步。在海拔 3900 米处，恶劣的气候使得林木以及草类无法生长，这里主要生长着地衣和苔藓。穿过这些生物带就是乞力马扎罗山的主峰。

埃里伯斯火山

埃里伯斯火山是地球上已知区域最南端的一座火山。它终年和冰雪相伴，喷发景象令人胆战心惊，是南极洲上的一座活火山，在罗斯海西南的罗斯岛上。埃里伯斯火山 1900 年和 1902 年都曾有过喷发活动，喷火口宽约 800 米，深 300 米，四壁甚陡。火山口内外都有随时活动的喷气孔。另有两个熄灭的喷火口，硫黄储量很大。

埃里伯斯火山

南极洲仅 2% 的土地无长年冰雪覆盖，被称为南极冰原的“绿洲”，是动植物主要生息之地。南极“绿洲”上有高峰、悬崖、湖泊和火山。埃里伯斯火山就是“绿洲”上的一处火山。

1841 年 1 月，英国探险家詹姆斯·克拉克·罗斯率领一支探险队，乘坐“埃里伯斯”号考察船到南极探险。他们在南极圈以南的一个岛上发现了一座火山，便把岛屿命名为“罗斯岛”，把火山叫作“埃里伯斯火山”。

罗斯岛上的埃里伯斯火山是著名的活火山。埃里伯斯火山上有好些喷气孔，蒸汽喷出不久就冷凝，冻成形态各异的蒸汽柱。这个活火山口喷出的含硫烟雾，会把熔岩像炮弹一样射向半空。埃里伯斯火山终年和冰雪相伴，它不时喷出的烟雾，似乎在向世人展示着它的活力与激情。

埃里伯斯火山处在南纬77度35分，东经167度10分的冰雪之乡，是地球最南端的火山。火山的海拔高达3743米，基座直径约30千米，山体和日本的富士山相似。主火山口呈椭圆形，直径500~600米，深约100米，四壁陡峭。里面有一个已经形成多年的熔岩湖。主火山口西南侧，有个钵状的侧火山口。因为这里地热无雪，躺在地上可享受到沙浴的乐趣。火山南侧的火口山边缘，有个喷气孔徐徐喷出蒸汽。在南极严寒的条件下，蒸汽凝结成了高达数米的冰塔；冰塔又被继续喷出来的蒸汽穿透成一个个冰洞；蒸汽又沿着冰洞上升，在冰洞中凝成了一簇簇美丽的冰花，构成了一幅美丽的大自然图画。

干　谷

如果说水火不相容的话，那么冰火就更不相容了。然而在南极洲，冰川和火山却同时存在，这听起来似乎有点不可思议。冰是凝固的、静止的、寒冷的、死寂的，火山却是活跃的、奔放的、充满活力和炽热的，于是在南极形成了对比鲜明、反差强烈的冰和火的世界。

南极洲上除了“绿洲”以外，还有几处没有被冰雪覆盖之地。南极洲绝大部分土地为冰雪覆盖，在这一望无际的雪原中，有一个神奇的无冰雪地带，它是3个巨大的盆地，四壁陡峭，由已消失的冰川切割而成，这就是干谷。在干谷，很少下雪，年降雪量只相当于25毫米的雨量。这么少量的雪不是被风吹走，就是被岩石吸收的太阳热量融掉了。因此，干谷内没有半片雪花，和四周形成强烈的对比。1910—1912年，英国人斯科特率领探险队探察南极，队员泰勒看到一个干谷后，形容那是“一个光秃秃的石谷”，该谷后来即以他的姓氏命名，这就是泰勒谷。另外，还有两个干谷——莱特谷和维多利亚谷，它们各有一些奇特的咸水湖。这些干谷边坡陡峭，呈U形，原由冰川刻蚀而成。现在冰川早已融化。干谷范围很大，呈褐色或黑色，无植物生长，故被形容为“赤裸的石沟”。动植物能长时间地保存在干谷的干冷空气中，正如肉能保藏在冰箱里不变质一样。在干谷里散布着被保存下来的海豹尸体，它们可能死于数百年，甚至数千年前。

浩瀚的沙海

世界沙漠分布非常广泛，仅仅中国的沙漠总面积就有约70万平方千米，如果连同50多万平方千米的戈壁在内，总面积为128万平方千米，占全国陆地总面积的13%。

本章重点介绍浩瀚的沙海世界，主要包括塔克拉玛干沙漠、撒哈拉沙漠以及岩塔沙漠等等，希望通过本章的学习，能够让你了解更多的关于沙漠的知识。愿你在沙海的世界恣意地畅游！

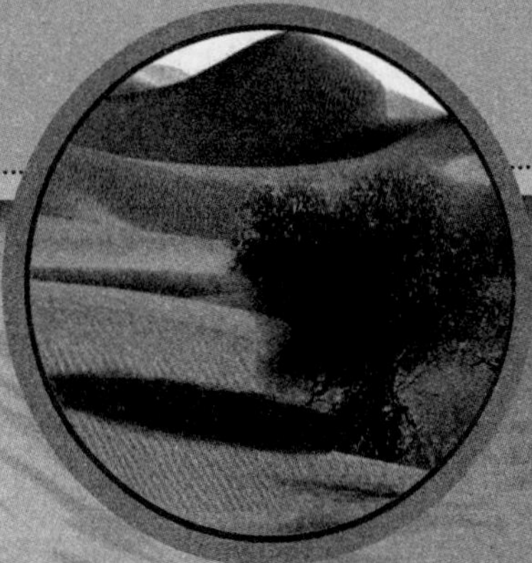

罗布泊

罗布泊在新疆若羌县境内东北部，位于塔里木盆地东部，地处古代丝绸之路的要冲，为古代东西交通必经之地，沿岸至今还保存着不少古迹。罗布泊曾是我国第二大内陆河，海拔 780 米，面积 2400～3000 平方千米。罗布泊曾有过许多名称，有的因它的特点而命名，如坳泽、盐泽、涸海等；有的因它的位置而得名，如蒲昌海、牢兰海、孔雀海等。

罗布泊

古罗布泊形成于第三纪末、第四纪初，距今已有 200 万年的历史，在新构造运动影响下，湖盆地自南向北倾斜抬升，分割成几块洼地。现在的罗布泊是位于北面最低、最大的一个洼地，曾经是塔里木盆地的积水中心。古代发源于天山、昆仑山和阿尔金山的河流，源源注入罗布泊洼地形成湖泊。

泛指的罗布泊为罗布泊荒漠地区，东起玉门关，西至若羌至库尔勒的沙漠公路，北起库鲁克塔格山，南至阿尔金山脚下，跨越了新疆和甘肃两省区地界。由于人们习惯使用泛指的罗布泊概念，离开库尔勒数千米的戈壁就被列入罗布泊范围了。狭义的罗布泊指该地区于 20 世纪 70 年代干涸的中国最大的漂移湖，位于该地区中心位置，也是最低洼的地区。现虽为干涸湖盆，湖底面积仍有1200多平方千米，呈椭圆形，因为逐年干涸，形似大耳朵。

遍布罗布泊地区的雅丹，亦称雅尔当，原是罗布泊地区维吾尔族人对险峻山丘的称呼。19世纪末至20世纪初，瑞典人斯文·赫定和英国人斯坦因先后来罗布泊地区考察，在他们的撰文中提到雅丹一词，于是雅丹便成为世界地理工作者和考古学家通用的地形术语。

在当地古老的传说中，往往把雅丹称作“龙城”。因罗布泊周围发育着典型的雅丹地形，似龙像城而得名。相传遥远的年代，罗布泊附近有个国家，百姓们衣不遮体，食不果腹，而国王却花天酒地。玉皇大帝得知此事，便扮作和尚下凡“化缘”。昏庸无道的国王仅施舍给他了一点盐巴。玉皇大帝大怒，调来盐泽水，淹没了这个国家，水退后出现了“龙城”。元代，意大利旅行家马可波罗来过罗布泊地区。他在记文中写道：“沿途尽是沙山沙谷，无食可觅，行人夜中骑行，则闻鬼语。”每当月白风清之夜，宿营“龙城”中，颇觉眼前景物，不是古城，胜似古城。分布在罗布泊荒漠北部的风蚀土堆群，面积达2600多平方千米。由于罗布泊地区常年风多风大，天长日久，土台星罗棋布。土台变幻出各种姿态，时而像一支庞大的舰队，时而又像无数条鲸在沙海中翻动腾舞，时而又像座座楼台亭阁，时而又像古城寨堡。置身于扑朔迷离、深邃的土台群中，满目皆是神秘、奇特、怪异的

拓展思考

塔里木河是中国第一大内流河

塔里木河由发源于天山的阿克苏河、发源于喀喇昆仑山的叶尔羌河以及和田河汇流而成，流域面积19.8万平方千米，最后流入台特马湖。它是中国第一大内流河，全长2179千米，仅次于前苏联的伏尔加河，锡尔—纳伦河、阿姆—喷赤—瓦赫什河和乌拉尔河，为世界第五大内流河、中国最长的内流河。

“亭台楼阁”，使人浮想联翩，流连忘返。

罗布泊被称为游移湖或交替湖。事实上，所谓罗布泊游移，只是塔里木河尾端位置的变动，湖盆本身并不游移。在封闭性的内陆盆地平原地区，河流下游经常自然改道。改道后的河流终点形成新湖泊，旧湖泊则逐渐干涸，成为盐泽。地质构造上，塔里木盆地东端是凹陷区，整个凹陷可称为罗布泊洼地，罗布泊湖盆就在这个洼地上。塔里木河以罗布泊洼地为最后归宿。罗布泊形成可能始于上新世或更新世初，后来东侧地壳上升，湖水向西移动，湖盆东侧遗留下数条痕迹。湖水虽随地势变化而移动，但并未越出湖盆范围，故游移之说并不恰当。另外，罗布泊洼地古来即为人烟稀少地区，新湖泊形成后，无法随时命以固定的新名，而均沿用老湖名。实际上，汉唐以来的古书中均将塔里木河终点形成的湖泊称为蒲昌海、盐泽或牢兰海；17 世纪以来则称罗布淖尔或罗布泊。上述情况说明，并非湖泊本身游移或交替，而为老名新用或地名搬家。

罗布泊“龙城”

魔鬼城

魔鬼城又称乌尔禾风城，位于我国新疆维吾尔自治区准噶尔盆地西北边缘的佳木斯河下游的乌尔禾矿区，西南距克拉玛依市 100 千米。这里有着罕见的形状怪异的风蚀地貌。当地蒙古人将此城称为“苏木哈克”，哈萨克人称为“沙依坦克尔西”，其意皆为魔鬼城。魔鬼城不仅因为它特殊的地貌形同魔鬼般狰狞，而且源于狂风刮过此地时发出的声音有如魔鬼般令人毛骨悚然，这种特殊的地质面貌就是雅丹地貌。

新疆的魔鬼城有多处，大多处于戈壁荒滩或沙漠之中，其中较为著名的有4座，即乌尔禾魔鬼城、奇台魔鬼城、克孜尔魔鬼城、哈密魔鬼城。乌尔禾魔鬼城处在佳木斯河下游，正对着西北方由成吉思汗山与哈拉阿拉特山夹峙形成的峡谷风口，其神奇地貌是在间歇洪流冲刷和强劲风力吹蚀的共同作用下形成的。

远眺乌尔禾魔鬼城，宛若中世纪的一座古城堡，但见堡群林立，参差错落，给人以苍凉恐怖之感。魔鬼城是赭红与灰绿相间的白垩纪水平砂泥岩和遭流水侵蚀与风力旋磨、雕刻形成的各类风蚀地貌形态的组合，有平顶方山、块丘、石墙、石笋、石兽、石人、石鸟、石鱼、石龟、石巷、石堡、石殿、石亭、石蘑菇……形态万千，变化不一。

乌尔禾魔鬼城

据考察，1亿多年前的白垩纪时期，这里是一个巨大的淡水湖泊，湖岸生长着茂盛的植物，水中栖息着乌尔禾剑龙、蛇颈龙、准噶尔翼龙和其他远古动物。经过两次大的地壳变动后，湖泊变成了夹杂着砂岩和泥板岩的陆地瀚海，地质学上称之为“戈壁台地”。20世纪60年代，地质工作者在这里发掘出一具完整的翼龙化石，从而使乌尔禾魔鬼城蜚声天下。

乌尔禾魔鬼城地区奇石种类丰富，而且蕴藏量极大，除有动植物化石外，还有结核石、彩石、风凌石、泥石、玛瑙石、戈壁玉、方解石、结晶石、水晶石等。其中，河卵石状的五色植物化石、砂岩结核石、石英质彩石等在全国都颇有名气，特别是五色玛瑙质植物化石、砂岩结核石在其他地方尚未发现，绝无仅有，具有很高的考古、观赏、收藏价值。在起伏的山坡地上，布满着血红、湛蓝、洁白、橙黄的各色石子，更给魔鬼城增添了几许神秘色彩。

千百万年来，由于风雨剥蚀，地面形成深浅不一的沟壑，裸露的石层被狂风雕琢得奇形怪状：有的龇牙咧嘴，状如怪兽；有的危台高耸，垛堞分明，形似古堡。这里似亭台楼阁，檐顶宛然；那里像宏伟宫殿，傲然挺立。真是千姿百态，令人浮想联翩。

知识小链接

玛瑙石

古代印度人看到玛瑙的颜色和美丽的花纹很像马的脑子，就以为它是由马脑变成的石头，所以梵语称它为“马脑”。我国汉代以前称玛瑙为“琼”、“赤琼”、“赤玉”或“琼瑶”。自佛经传入中国后，翻译人员考虑到“马脑属玉石类”，于是巧妙地译成“玛瑙”。

魔鬼城属于典型的雅丹地貌。“雅丹”是地理学名词，在维吾尔语中意为“险峻的土丘”，专指干燥地区的一种特殊地貌。它的演变过程是沙漠里基岩构成的平台形高地内部有节理或裂隙，暴雨的冲刷使得裂隙加宽扩大，之后由于大风不断剥蚀，渐渐形成风蚀沟谷和洼地，孤岛状的平台小山则变为石柱或石墩。这种地貌是由三叠纪、侏罗纪、白垩纪的各色沉积岩组成的，天长日久就形成了这样绚丽多彩、姿态万千的自然景观。

五彩湾

五彩湾位于新疆吉木萨尔县城以北100余千米的古尔班通古特沙漠中，由五彩城、火烧山、化石沟组成。五彩湾地貌起伏，奇峰怪石众多。五彩湾不但风光雄奇，而且还是一座天然宝库，储藏着丰富的石油资源和大量的黄金、珍珠、玛瑙、石英等20多种矿产。在沙漠植被地带还栖居着野驴、石鸡等珍禽异兽。

五彩湾

五彩湾是受风力剥蚀、流水冲刷等自然力作用形成的一座座孤立的小丘。早在侏罗纪时代，这里沉积了很厚的煤层。由于地壳的强烈运动，地表凸起，那些煤层也随之出露于地表。历经风蚀雨剥后，煤层表面的沙石被冲蚀殆尽。在阳光曝晒和雷电袭击的作用下，煤层大面积燃烧，形成了烧结岩堆积的大小山丘，加上各个地质时期矿物质的含量不尽相同，这一带连绵的山丘便呈现出以赭红为主夹杂着黄、白、黑、绿等多种色彩的绚丽景观。五彩湾的这些美丽的山包，其实不过是煤层燃烧后的一堆堆灰烬。

基础小知识

化石沟

位于准噶尔盆地，原为汪洋大海，岸边是茂密的原始森林。后地壳几经变迁，大片森林及其他动植物被深埋地下，变成化石后复出地表，在这条化石沟中，分布有壮观的硅化木林、各种树木种子化石、果实化石及各种动物化石。

五彩湾由沉积了各种鲜艳的湖相岩层的数十座五彩山丘组成，像一座座诡秘的古堡，故又称五彩城。粗略估计，面积有十几平方千米。五彩城随着一天中太阳光线和昼夜的变化，其色彩也随之变化，充满诗情画意。五彩城早、午、晚三个时段所展现的姿态各不相同，给人留下的感觉也是不一样的。

化石沟出土的巨型化石

早晨，一轮红日从地面喷薄而出，射出一屏孔雀尾状的金辉，蓝宝石一样的天空飘浮着一朵朵羽绒般的彩云，此刻五彩城就像一个出浴的圣女，秀雅而多姿。几个高高耸起的山丘，裹扎着十几种不同的“彩带”伫立在晨曦之中。

中午的五彩城炽热如火，仿佛整个世界的阳光都聚集在这里，山丘的色彩在阳光的威逼下淡化，仿佛一场熄灭了几万年的大火等待重新点燃。

黄昏，落日的余晖使那些本已淡化的色彩一下子强烈起来，五彩城也变得绚丽多彩。被晚霞描绘的天空就像一个温馨的彩罩，和五彩城融合在一起，使人恍若置身于美丽的梦境。夜色下的五彩城安详而静谧，一览无余的星空下，五彩城浸润在一片如水的月光里，若隐若现的山头就像一片灰色的云烟，更增添了它的梦幻色彩。

塔克拉玛干沙漠

塔克拉玛干沙漠古称“莫贺延迹”，位于塔里木盆地中部，是中国最大的沙漠，总面积约 30 万平方千米，其中流沙便占总面积的 85%，是世界第二流动性沙漠。这里地形起伏很大，昼夜温差极大。塔克拉玛干在维吾尔语里意即“进去出不来的地方”。在这片有待开垦的土地上，有以胡杨林为主的原始森林、种类繁多的沙漠植物和野生动物。

塔克拉玛干大沙漠是何时形成的，科学界至今尚无统一的认识。虽然有学者曾经根据沉积地层中埋藏的古风砂进行了研究，但由于风成砂很难在地层中保存，即使发现零星的露头，也很难据此判断古沙漠形成的时间、规模、形态和古环境状况。白天，塔克拉玛干赤日炎炎，银沙刺眼，沙面温度有时高达 70℃ ~80℃。旺盛的蒸发，使地表景物飘忽不定，沙漠旅人常常会看到远方出现朦朦胧胧的海市蜃楼。沙漠四周，沿叶尔羌河、塔里木河、和田河和车

广角镜

海市蜃楼的内在本质

自古以来，蜃景就为世人所关注。在西方神话中，蜃景被描绘成魔鬼的化身，是死亡和不幸的凶兆。我国古代则把蜃景看成仙境，秦始皇、汉武帝曾率人前往蓬莱寻访仙境，还多次派人去蓬莱寻求灵丹妙药。现代科学已经对大多数蜃景作出了正确解释，认为蜃景是地球上物体反射的光经大气折射而形成的虚像，所谓蜃景就是光学幻景。

尔臣河两岸，生长发育着密集的胡杨林和怪柳灌木，形成“沙海绿岛”。沙层下有丰富的地下水资源和石油等矿藏资源。

干旱的河床遗迹几乎遍布于塔克拉玛干沙漠，湖泊残余则见于部分地区（如沙漠的东部等）。沙漠之下的原始地面是一系列古代河流冲积扇和三角洲所组成的冲积平原和冲积湖积平原。北部大致为塔里木河冲积平原，西部为喀什噶尔河及叶尔羌河三角洲冲积扇，南部为源出昆仑山北坡诸河的冲积扇三角洲，东部为塔里木河、孔雀河三角洲及罗布泊湖积平原。沉积物都以不同粒径所组成的沙子为主，沙漠南缘厚度超过 150 米。在沙漠 2～4米、最深不超过 10 米的地下，有清澈丰富的地下水。

塔克拉玛干沙漠

塔克拉玛干沙漠除局部尚未被沙丘所覆盖外，其余均为形态复杂的沙丘所占。塔克拉玛干沙漠流动沙丘的面积很大，沙丘高度一般在 100～200 米，最高达 300 米左右。沙丘类型复杂多样，复合型沙山和沙垄，宛若憩息在大地上的条条巨龙；塔形沙丘群，呈蜂窝状、羽毛状、鱼鳞状，沙丘变幻莫测。

你知道吗

孔雀河

孔雀河亦称饮马河，传说东汉班超曾饮马于此。孔雀河是罕见的无支流水系，其唯一源头来自博斯腾湖，从湖的西部溢出，流经库尔勒、尉犁县，终点为罗布泊，后因农业发展，在流经大西海子水库之后便季节性断流。

塔克拉玛干沙漠有两座红白分明的高大沙丘，名为“圣墓山”。它们是分别由红砂岩和白石膏组成，由沉积岩露出地面后形成的。“圣墓山”上的风蚀蘑菇，奇特壮观，高约5米，巨大的盖下可容纳10余人。沙漠东部主要由延伸得很长的巨大复合型沙丘链所组成，一般长5～15千米，最长可达30千米，宽度一般在1～2千米。沙丘的落沙坡高大陡峭，迎风坡上覆盖有次一级的沙丘链。丘间地宽度为1～3千米，延伸很长，但被一些与之相垂直的低矮沙丘所分割，形成长条形闭塞洼地，有沮洳地和湖泊等分布其间。沙漠东北部湖泊分布较多，但往沙漠中心则逐渐减少，且多已干涸。沙漠中心东经82度～85度间和沙漠西南部主要分布着复合型的纵向沙垅，延伸长度一般为10～20千米，最长可达45千米。金字塔状的沙丘分布得或成孤立的个体，或成串状组的狭长而不规则的垅岗。沙漠北部可见高大弯状沙丘，西部及西北部可见鱼鳞状沙丘群。

千年胡杨

在我国最长的内陆河塔里木河河畔，分布着世界最大的原始胡杨林。全世界胡杨林有10%在中国，而中国的胡杨林有90%在塔里木河畔。胡杨树远在1.35亿年前就出现了，被称为“第三纪活化石”，是世界上最古老的一种杨树。正因为它的古老和原始，其历史价值是任何树种所不能与之相比的。胡杨树有“生而不死一千年，死而不倒一千年，倒而不朽一千年”的强大生命力，赢得了人们的敬仰。

沙漠中的翡翠

从飞机上鸟瞰绿洲，好像在一块黄棕色的地毡上，镶嵌着一颗颗翡翠宝石。的确，沙漠里的绿洲使人神往。长期跋涉在干热荒凉的沙漠上的行人，看到绿洲的时候，该是多么高兴啊！在绿洲里，有潺潺的水流，有肥沃的土壤，有嫩绿的草地，有葱茏的树木，有各种各样的鸟兽。在绿洲里，居住着勤劳的人民，耕种着连片苍翠的农作物，饲养着无数膘肥体壮的牲畜。总之，富饶的绿洲与荒凉的沙漠，成了鲜明的对比。

新疆罗布庄

沙漠里的绿洲是怎样形成的呢？形成绿洲的基本条件是水。有水，才能够生长出葱茏的树木；有水，才能够滋润那嫩绿的草地；有水，才能够引进各种鸟兽。有水，才能形成绿洲！

猞 猁

那么，沙漠中从哪里来的水呢？产生绿洲的水源，一种来自河水，一种来自泉水。在沙漠中虽然河流很少，但河流对于浩瀚无垠的沙漠，却有着巨大的作用。在白雪皑皑的高山上，当温暖季节来临的时候，冰雪融化了，大量的水流汇集在一起，沿着河床奔流，河水润湿了两岸的土壤，给各种各样的植物以生长、发展的条件，天长日久，就出现了联结成串的绿洲。如非洲利比亚的特萨瓦、木祖克、特腊甘、祖伊拉、特迈萨、富加等一系列居民点，就是撒哈拉大沙漠中一条间歇河沿岸分布的一串绿洲。又如我国塔克拉玛干沙漠上的车尔臣河两岸，也分布着且末、塔他浪、阿克塔孜、阿拉尔吉、罗布庄等一系列著名的绿洲。

泉水，就是指涌出地表来的地下水。沙漠的表面干燥，但地下水还是很多的。因为沙漠地表土质疏松，雨水、融雪水、河水都很容易渗透到地下而成为地下水。同时，每当夜晚温度降低时，沙漠上空气里的水蒸气也常常会凝结成水，渗入地下，从而不断地补充地下水。这些地下水在沙漠底下的不透水层上面静静地流动，当它流到一些地势较低的地方又涌出地表来，就成为泉水。泉水润湿了土壤，滋长了植物，发展成绿洲。如非洲埃及的锡瓦绿洲、阿尔及利亚的古腊腊绿洲、大洋洲的卡内吉绿洲等，都产生在泉水潺潺的洼地上。

绿洲的自然景色，在不同纬度带的沙漠上有些不一样。分布在中亚、蒙古，以及我国内蒙古与西北等地区的沙漠，属于温带沙漠。这些沙漠上的绿洲，自然景色很像温带草原或温带阔叶林。那里除了遍地是肥美的羽茅、野大麦、狐茅等牧草和峥嵘成荫的榆树、胡杨、钻天杨、小叶杨、沙柳等树木以外，还生长着甘草、麻黄、防风、白芷、党参等重要

拓展阅读

百灵鸟

百灵鸟是草原的代表性鸟类，属于小型鸣禽。在广袤无垠的大草原上，蓝天白云之下，绿草如茵，茫茫无际。苍穹之下，常常此起彼伏地演奏着连音乐家都难以谱成的美妙乐曲，那就是百灵鸟儿们高唱的情歌。百灵鸟从平地飞起时，往往边飞边鸣，由于飞得很高，人们往往只闻其声，不见其踪。

药材，以及苹果、葡萄、杏、李等果树。在这些绿油油的植物丛中，常常出现成群的黄羊、高鼻羚羊与野兔等吃草动物，偶尔也可以见到狼、狐狼或猞猁等兽类。此外，百灵鸟、波斑鸨等鸟类，有的停留在枝头上，有的穿插飞翔，令这些绿洲构成一幅美妙的图画。

分布于北非和南非、西亚南部与南亚，以及大洋洲等低纬度地区的沙漠，为热带或亚热带沙漠。那里的绿洲，景色与热带草原差不多。须芒草和绿草是那儿的主要牧草，粗大而能储水的猴面包树、果实累累的椰枣树点缀其中，草地上来回奔跑的斑马、羚羊以及长颈鹿，树丛中吵吵嚷嚷的各种猿猴及鸟类，都使这些绿洲的景色更加多姿多彩。

岩塔沙漠

岩塔沙漠位于澳大利亚西部的珀斯以北约250千米处，在临近澳大利亚西南海岸线的楠邦国家公园内。这片沙漠荒凉不毛，人迹罕至。沙漠中林立着无数塔状孤立的岩石，故而得名。形态各异的岩塔，遍布于茫茫的黄沙之中，景色壮观，使人感觉神秘而怪异。有人形容这种景象为“荒野的墓标”，让人感到世界末日的来临。这里地形崎岖，地面布满了石灰岩，只有越野汽车可驶到那里。

岩塔沙漠

暗灰色的岩塔高1~5米，矗立在平坦的沙面上。往沙漠腹地走去，岩塔的颜色由暗灰色逐渐变成金黄。有些岩塔大如房屋，有些则细如铅笔。岩塔数目成千上万，分布面积约4平方千米。

每个岩塔形状不同，有的表面比较平滑，有的像蜂窝，有的一簇岩塔酷似巨大的牛奶瓶散放在那里，等待送奶人前来收集；还有一簇名为“鬼影”，中间那根石柱状如死神，正在向四周的众鬼说教，其他岩塔的名字也都名如其形，但是不像“鬼影”那样令人毛骨悚然，例如叫“骆驼”、“大袋鼠”、“臼齿”、“门口”、“园墙”、“印第安酋长”或者“象足”等。虽然这些岩塔已有几万年的历史，但肯定是近代才从沙中露出来的。在1956年澳大利亚历史学家特纳发现它们之前，外界似乎对此一无所知，只是口头流传着。早期的荷兰移民曾经在这个地区见过一些他们认为是类似城市废墟的东西。

19世纪，从来没有人提及这些岩塔。如果它们露出地面，肯定会被牧人发现。因为他们经常在珀斯以南沿着海岸沙滩牧牛，附近的弗洛巴格弗莱脱还是牧人常去休息和饮水的地方。

1837—1838年，探险家格雷在其探险途中曾从这个地区附近经过。他每过一地，必详细记下日记。但在他的日记中没有关于岩塔的记载。

科学家估计这些岩塔的历史有2.5万~3万年。肯定在20世纪以前至少露出过沙面一次。因为有些石柱的底部发现黏附着贝壳和石器时代的制品。贝壳用放射性碳测定，有5000多年历史。这些尖岩可能在6000多年前已被人发现。但是这些岩塔后来又被沙掩埋了数千年，因为在当地土著的传说中没有提到过这些岩塔。

1658年，曾在这一带搁浅的荷兰航海家李曼也没有提及它们，只是在他的日记中提到两座大山——南、北哈莫克山，都离岩塔不远。如果当时这些石灰岩塔露出沙面，李曼必定会记在他的日记里。沙漠上风吹沙移，会不断把一些岩塔暴露出来，又不断把另一些掩盖起来。因此，几个世纪以后，这些岩塔有可能再次消失。但它们的形象已经在照片中保存下来了。

这些岩塔是如何形成的呢？帽贝等海洋软体动物是构成岩塔的原始材料。几十万年前，这些软体动物在温暖的海洋中大量繁殖，死后，贝壳破碎成石灰沙。这些沙被风浪带到岸上，一层层堆成沙丘。

最后，在冬季多雨、夏季干燥的地中海式气候下，沙丘上长满了植物。植物的根系使沙丘变得稳固，并积累腐殖质。冬季的酸性雨水渗入沙中，溶解掉一些沙粒。夏季沙子变干，溶解的物质硬结成水泥状，把沙粒粘在一起变成石灰石。腐殖质增加了下渗雨水的酸性，加强了胶黏作用，在沙层底部形成一层较硬的石灰岩。植物根系不断伸入这层较硬的岩层缝隙，使周围又形成更多的石灰岩。后来，流沙把植物掩埋，植物的根系腐烂，在石灰岩中留下了一条条隙缝。这些隙缝又被渗进的雨水溶蚀而拓宽，有些石灰岩风化掉，只留下较硬的部分。沙一吹走，就露出来成为岩塔。岩塔上有许多条沙痕，记录了沙丘移动时沙层的厚度及其坡度的变化。

基础小知识

石灰岩

石灰岩简称灰岩，是以方解石为主要成分的碳酸盐岩。有时含有白云石、黏土矿物和碎屑矿物，有灰、灰白、灰黑、黄、浅红、褐红等色，硬度一般不大，与稀盐酸反应剧烈。

撒哈拉沙漠

撒哈拉沙漠是世界上最大的沙漠，位于非洲北部，西临大西洋，东濒红海，北起阿特拉斯山麓，南至苏丹，东西4800千米，面积700多万平方千米。风声、沙动支配着这里壮观的世界。风的侵蚀、沙粒的堆积造成了这个极干燥的地表。

“撒哈拉”一词，阿拉伯语的原意是“广阔的不毛之地”，后来转意为大荒漠。撒哈拉沙漠水源贫乏，植物稀少，地势平缓，平均海拔高度300米左右，中部有三大高原和海拔3415米的最高峰库西山。高原上布满了在过去潮湿气候时期流水形成的干河谷。高原的外围是大片的岩漠和砾漠，再向外是沙海，沙漠里点缀着寥若晨星的绿洲。

撒哈拉沙漠

在浩瀚的沙漠里，也有人间天堂——绿洲。绿洲是地下水出露或溪流灌注的地方。这里渠道纵横，流水淙淙，林木苍郁，景色旖旎，从高空鸟瞰，犹如沙海中的绿色岛屿。绿洲是沙漠地区人们经济活动的中心。绿洲的外围是棕榈林，林间空地是开垦的农田。田间种植各种农作物，最普遍的是枣椰树。枣椰树的果实椰枣甜美多汁，被用来做主食，树干用来搭房架，叶柄用来当柴火，叶子用来扎篱笆和盖茅房，叶子纤维用来制扫帚、篮子和水囊，树皮用来做绳索和

撒哈拉沙漠中的棕榈林

骑垫。

棕榈林的深处隐藏着村镇。这里的民房是土木结构，墙壁厚实，顶上用黄土垒平，屋里冬暖夏凉，既能防炎热，又能防沙暴。10 月是撒哈拉的黄金季节，是沙漠商队起程的好时光。撒哈拉沙漠的民间贸易全靠商队来沟通。一支商队由 10 多个人和 100 多峰骆驼组成。他们的目的地是绿洲。当他们来到绿洲后，宿营在绿洲的外面，当地穿红着绿的妇女和姑娘们，就背着椰枣和商队的小米进行易货交易。在沙漠里，盐几乎同黄金一样昂贵，商队把质量好的盐棒带回家乡出售，价格可以比原价高出十几倍，所以盐也是商队交换的一种主要商品。商队的到来，增添了绿洲集市的贸易气氛。

撒哈拉沙漠风沙盛行，沙暴频繁，尤其春季，是沙暴的高发季节。沙暴来临时，狂风怒吼，飞沙走石，霎时间天昏地暗，黄沙吞噬了大漠中的一切，交通被迫中断。几小时后，沙暴平息，街巷、广场、房舍，到处都是一层厚厚的沙尘。树林前缘，常堆起沙堆或沙丘。可是天气特别晴朗，令人有“风过沙山分外明”的感觉。沙漠中的一切景物，好像比平时更为清晰。沙漠中的风暴，把碎石、沙子和尘土吹走，留下岩石裸露的地表，这里便成为岩漠。岩漠又称石漠，其中常常见到各种造型独

趣味点击

风凌石

风凌石是中国大西北最具特色的典型奇石。该石生长在西部戈壁风沙口地带，经上亿年的风吹、雨凌、侵蚀，其千姿百态的造型具有奇石的瘦、漏、透、皱、清、丑、顽、拙、奇、秀、险、幽等十二个方面的特点。它基本上分石灰岩、花岗岩和玛瑙质等几大类，该石还是制作各种石料工艺品的上等材料，具有很高的收藏和观赏价值。

特的地貌形态。

大漠中的风力强劲，其威力之大往往出乎人们的意料。风能把岩石表面已经风化破裂的碎石和沙粒吹扬带走，扩大岩石中的裂纹、裂隙，加快风化的速度。同时，风挟带的碎石、沙子在岩石的上部和岩块之间的裂缝、沟槽中对岩壁进行磨蚀，使岩块逐渐被磨削而变细变形。磨蚀还能随着风力的大小、风向的转换，像能工巧匠一样，不断地变换它的雕琢手法，使岩石的各种造型更加精奇多姿、瑰丽壮观。风雕的造型千姿百态、惟妙惟肖。

地面上堆积的沙粒被风刮走，留下了石块、石子，这里便成为砾漠，也就是人们常说的戈壁。戈壁滩上的砾石，白天受炽热的阳光不停地照射，连砾石裂缝间含有的一点水分也无法保存。但被水分溶解的一些铁锰之类的矿物质，却凝聚在砾石表面上，形成一层乌黑发亮的硬壳，使戈壁滩上一片漆黑，人们通常称其为“沙漠岩漆”。地表砾石经风沙的长期磨蚀，表面便形成与风向相同的磨光面，磨光面之间有一个明显的棱脊，这种砾石叫“风棱石”。由于风棱石的磨光面与常年风向一致，所以是戈壁滩上可靠的风向标。

当地沉积的大量沙土，被风吹刮，细的尘土被吹走，沙子留下来，这样就使地面上的沙子越积越多，从而形成沙海——一望无际的沙漠。

骷髅海岸

在非洲纳米比亚的纳米布沙漠和大西洋冷水域之间，有一片白色的沙漠，葡萄牙海员把纳米比亚这条绵延的海岸线称为“骷髅海岸”。这条500千米长的海岸备受烈日煎熬，显得那么荒凉，却又异常美丽。从空中俯瞰，骷髅海岸是一大片褶痕斑驳的金色沙丘，这是从大西洋向东北延伸到内陆的沙砾平原。沙丘之间，闪闪发光的蜃景从沙漠岩石间升起，围绕着这些蜃景的是不断流动的沙丘，在风中发出隆隆的呼啸声。

骷髅海岸

骷髅海岸沿线充满危险，有交错的水流、8 级大风、令人毛骨悚然的雾海和深海里参差不齐的暗礁。来往船只经常失事，传说有许多失事船只的幸存者跌跌撞撞爬上了岸，庆幸自己还活着，孰料竟慢慢被风沙折磨致死。因此，骷髅海岸布满了各种沉船残骸和船员遗骨。

空中俯瞰骷髅海岸——褶皱斑驳的金色沙丘在海岸沙丘的远处，7 亿年来由于风的作用，岩石被刻蚀得奇形怪状，犹如妖怪幽灵从荒凉的地面显现出来。在南部，连绵不断的内陆山脉是河流的发源地，但这些河流往往还未进入大海就已经干涸了。这些干透了的河床，伴着沙漠中独有的荒凉，一直延伸到被沙丘吞噬为止。还有一些河，如流过富含黏土的峭壁狭谷的霍阿鲁西布干河，当内陆降下倾盆大雨时，巧克力色的雨水使这条河变成滔滔急流，有机会流入大海。

因为骷髅海岸的河床下有地下水，所以滋养了无数

你知道吗

玄武岩

玄武岩属基性火山岩，是地球洋壳和月球月海的主要组成物质，也是地球陆壳和月球月陆的重要组成物质。1546 年，G. 阿格里科拉首次在地质文献中，用 basalt 这个词描述德国萨克森的黑色岩石。汉语“玄武岩”一词，引自日文。日本在兵库县玄武洞发现黑色橄榄玄武岩，故得名。

动植物，种类繁多，令人惊异。科学家称这些干涸的河床为“狭长的绿洲”。湿润的踩踏满是尘土的地面，想发现水的踪迹。

拓展阅读

海狗

海狗，也称海熊、膃肭兽。海狗是生活在海洋里的四脚哺乳动物，因其体型像狗，因此得名海狗；由于又有些像熊，因而又名海熊。其实，海狗与海狮亲缘关系很近，都属于海狮大家族。海狗分为南北两个属，北海狗仅海狗一种。海狗肾为名贵的中药材，取自海狗的生殖器官。

草地和灌木丛也吸引了纳米比亚的哺乳动物来此寻找食物。大象把牙齿深深插入沙中寻找水源，大羚羊则用蹄在海边刨坑找水，大浪猛烈地拍打着倾斜的沙滩，把数以万计的小石子冲上岸边，花岗岩、玄武岩、砂岩、玛瑙、光玉髓和石英的卵石都被翻上了滩头，给这里带来了些许亮色。迷雾透入沙丘，给骷髅海岸的小生物带来生机，它们会从沙中钻出来吸吮露水，充分享受这唯一能获得水分的机会与乐趣。会挖沟的甲虫，此时总要找个能收集雾气的角度，然后挖条沟，让沟边稍稍垄起，当露水凝聚在垄上流进沟时，它们就可以舔饮了。雾也滋养着较大的动物，盘绕的蝮蛇，用嘴啜吸鳞片上的湿气。在冰凉的水域里，居住着沙丁鱼和鲻鱼，这些鱼引来了一群群海鸟和数以千万计的海豹。在这片荒凉的骷髅海岸外的

南非海狗

岛屿和海湾上，繁衍生存着躲避太阳的蟋蟀、甲虫和壁虎。长足甲虫使劲伸展高跷似的四肢，尽量撑高身躯，离开灼热的地面，享受相对凉爽的沙漠微风的吹拂。

南非海狗是这片海岸的主人，它们大部分时间生活在海上，但到了春季，它们要回到这里生儿育女，漫长的海岸线就是它们爱的温床。到了陆地上，海狗的动作可不像在海里那样敏捷、优美。它们把鳍状肢当作腿来使用，那笨拙而可爱的模样让人忍俊不禁。当小海狗出生后，海狗妈妈要到海上觅食，令人惊奇的是，母子两个竟然能在上万只海狗的叫声中找到对方，母子情深可见一斑。

国家公园

GUIFUTIANGONG DE DILI QIGUAN

国家公园是指国家为了保护一个或多个典型生态系统的完整性，为生态旅游、科学研究和环境教育提供场所，而划定的需要特殊保护、管理和利用的自然区域。它既不同于严格的自然保护区，也不同于一般的旅游景区。

本章重点介绍一些重要的国家公园，希望通过本章，能够让你了解更多的相关知识。

卡卡杜国家公园

卡卡杜国家公园位于澳大利亚北部地区的首府达尔文市东部200千米处，以前是一个土著自治区，1979年被划为国家公园。其占地面积2万多平方千米，以郁郁苍苍的原始森林、各种珍奇的野生动物，以及保存有两万多年前的山崖洞穴间的原始壁画而闻名于世。

公园按地势分为五个区。在海潮区，植被主要由丛林及海蓬子科植物组成，其中包括海岸沙滩上的半落叶潮湿热带林。这里也是濒临绝迹的潮淹区鳄鱼出没之地。水涝平原区里则多为低洼地，雨季洪水泛滥形成沼泽带，是栖鸟类的理想去处。低地区中多为起伏平原，间有小山和石峰。这里植物的形态不同，有多为蓝桉的稀疏树林，也有草原、牧场和灌木丛。在与水涝平原交界处分布着沿海热带森林，林内有多种动物。在陡坡和沉积岩孤峰区，雨季时会形成蔚为壮观的瀑布，并有多种动物栖息于此。而高原区则由古老的沉积岩组成，高度在250～300米，个别突兀的石峰，高达520米。主要植物为灌木，偶尔可见茂密的森林，多为野生巴旦杏。本区内生活着多种稀有的或当地特有的鸟类。

陡坡和沉积岩孤峰区雨季的瀑布

卡卡杜国家公园内有着优美的自然风光和较完整的原始自然生态环境，因此植物类型极其丰富，超过1600种。

这里是澳大利亚北部季风气候区植物多样性最高的地区。尤其特殊的是阿纳姆西部砂岩地带植物的多样性，这里有许多地方性属种。最近的研究表明，公园内有58种植物具有重要的保护价值。植被可以大致划分为13个门类，其中7个以桉树的独特属种占优势。这里有澳大利亚特有的大叶樱、柠檬桉、南洋杉等树木，还有大片的棕榈林、松树林、橘红的蝴蝶花树等等。

知识小链接

蝴蝶花

蝴蝶花，又叫琼花，忍冬科落叶或半常绿灌木。4、5月间开花，花大如盘，洁白如玉。聚伞花序生于枝端，周边8朵为萼片发育成的不孕花，中间为两性小花。分布在四川、甘肃、江苏、河南、山东以南等地。

这里的动物丰富多样，是澳大利亚北部地区的典型代表。公园中有64种土生土长的哺乳动物，占澳大利亚已知的全部陆生哺乳动物的1/4还多。澳大利亚1/3的鸟类在这里聚居栖息，品种在280种以上，其中以各种水鸟和苍鹰为代表性鸟类。每当傍晚飞鸟归巢时，从林中和水塘边，一些澳大利亚特有的野狗、针鼹、野牛、鳄鱼等便从巢穴里出来觅食，在这里又出现一幅弱肉强食的自然进化图。因而保护这里的动物群无论对于澳大利亚还是对于世界都具有极为重要的意义。

卡卡杜国家公园内栖息的鸟类

悬崖是卡卡杜国家公园里别具特色的景观。悬崖上有许多岩洞，里面有在世界上享有盛名的岩石壁画，已经发现大约7000处。在阿纳姆高原地带这种洞穴最多。这些岩画是当地土著的祖先用蘸着猎物的鲜血或和着不同颜色的矿物质涂抹而成的。壁画里的动物种类随着绘画的年代变化，这是海面上升之故。最早的壁画作于最后一次冰河时期。当时海面较低，卡卡杜荒原位于距海约300千米的地方，画中有袋鼠、鸸鹋以及一些现代已经绝迹的巨大动物。冰河时期约在6000多年前结束，海面上升，阿纳姆地悬崖下的平原变成了海洋和港湾，所以这一时期的壁画中主要是巴拉蒙达鱼和梭鱼等鱼类动物。许多画还把脊椎动物的内部构造都画了出来。壁画的内容反映了当地土著祖先们各个时期的生活内容、生产方式，以及某些野兽、飞禽的形象。其中一部分内容与原始图腾崇拜、宗教礼仪有关。在壁画中有一些不为现代人所理解的抽象图形。有的人体壁画很奇特，头常呈倒三角形，耳朵呈长方形，身躯及四肢特别细长，并且经常可以见到多头臂的人体图形。画中人物多处于一种舞蹈姿态，从他们或曲身或跳跃的劲舞姿势中，可看出这是个热情开放、能歌善舞而又极富幻想的民族。壁画较完整地反映了土著文化各个历史时期的发展历程，为澳大利亚的考古学、艺术史学以及人类史学提供了珍贵的研究资料。

卡卡杜国家公园里的岩石壁画

卡卡杜国家公园内的壁画抽象夸张，反映了澳大利亚土著对世界的独特认识。岩画以及其他考古遗址，表明了这个地区从史前的狩猎者和原始部落到仍居住在这里的土著居民的技能和生活方式。艺术遗址使这里闻名遐迩。通过发掘遗址人们还找到了澳大利亚最早生活的人类的证据，为澳大利亚的学者、研究人员等提供了珍贵的资料。

卡卡杜是澳大利亚土著卡卡杜族的故土，卡卡杜国家公园就是以这个部族而命名的。他们的祖先至少在4万年前就已从东南亚迁来。他们先是逐岛渡海而来，后来在冰河时期海面较低时从新几内亚岛沿陆路抵达这里。按照卡卡杜人的传说，卡卡杜荒原是他们的女祖先瓦拉莫仑甘地创造的。她从海中出来化为陆地，并赋予人以生命。随她而来的还有其他创造神，如金格——创造岩石的巨鳄。有些祖先神灵完成创造使命后就变成了风景，如金格变成一块露头岩石，形如鳄鱼的背脊。公园内的大部分地区属土著人所有，他们把土地租给国家公园与野生动物管理部门。

基础小知识

古遗址

古遗址是指古代人类各种活动留下的遗迹。既包括人类为不同用途所营建的建筑群体，以及范围更大的村寨、城堡、烽燧等各类建筑残迹，也包括人类对自然环境利用和加工而遗留的一些场所。不同历史时期的古遗址，大都湮没已久，有的则沦为沙漠中的废墟。通过对各种类型的古遗址的调查发掘，可以揭示许多古代遗迹，进而考察有关的社会状况，因而在文物保护与考古研究工作中备受重视。

冰川国家公园

阿根廷冰川国家公园是一个奇特而美丽的自然风景区，有着崎岖高耸的山脉和许多冰湖，其中包括160多千米长的阿根廷湖。在湖的远端3条冰河汇合处，乳灰色的冰水倾泻而下，像小圆屋顶一样巨大的流冰带着雷鸣般的轰响冲入湖中。冰川国家公园由多山的湖区组成，它包括南安第斯山的一个被大雪覆盖的地区，以及许多发源于巴塔哥尼亚冰原的冰川。

冰川国家公园内面积小于 3 平方千米的冰川大约有 200 个，它们都独立于大的冰原之外。冰川的活动主要集中于两个湖区，其实这两个湖区本身就是古代冰川活动的产物。这里气候寒冷，积雪终年不化，为冰原的形成创造了十分有利的气候条件。

冰川群面积 4457 平方千米，西接智利国界。自北而南有多座山峰，它们是多条冰川的发源地。冰川群东部以阿根廷湖为首，湖泊星罗棋布，多条冰川汇集此处。它们都是在第四纪冰川时期形成的冰川湖，是所有冰川的归宿。从巴塔哥尼亚冰原漂移过来的冰川，有 10 座分布在冰川公园内，依次名为马尔科尼、维埃德马、莫亚诺、马普萨拉、奥内利、斯佩加西亚、马约、阿梅格西诺、莫雷诺、弗里亚斯。10 座冰川由南向北，屹立于公园内。其中，除莫雷诺外的 9 座冰川都在消融，消融的冰水注入大西洋。

莫雷诺冰川

莫雷诺冰川是世界上少有的正在生长的冰川。正面宽约 4 千米，高 60 米，长约 34 千米。莫雷诺冰川犹如一条巨大的冰舌，伸进巴塔哥尼亚高原上的阿根廷湖。从难以推算的遥远年代开始，这道冰川自雪峰沿山谷向下推进，一直伸进湖水中。1917 年，冰川的前锋第一次触及了湖的彼岸。又过了 40 年，它终于牢牢地靠上了湖岸，把这一段狭长的湖面完全截断。湖中水位随之上升二三十米，将峡谷中高大的南洋杉和山毛榉都淹没了。

人们站在专门修建的观赏平台上，可以清楚地看到冰川是怎样从雪山顶上倾泻而下的。冰川正面笔直如削，顶部有无数裂隙，经过阳光的透射、折射，呈现出缤纷的颜色。不时传来的低沉的隆隆声，是冰川开裂的声响。风和日丽时，虽然与冰川相隔咫尺，但是人们可以穿衬衣而不觉寒冷。但当太阳隐入云层，顿觉寒气逼人，需套上厚厚的防寒服。最令人叹为观止的是冰川大崩塌。巨大的冰块发出雷鸣般的轰响，从几十米高处坠落，激起的波涛也跃起数十米高，像海啸一样。这种惊心动魄的场面，短的持续 24 小时，长的可延续 3 天。大崩塌三四年发生一次，一般在 2、3 月间。

羊 驼

马普萨拉冰川比莫雷诺冰川宽一倍，高达 90 米，是当地最大的冰川。马普萨拉冰川的前端伸展到阿根廷湖北端。这条冰川正处于缓慢的消退过程中，冰川上崩裂下来的冰块顺湖水漂出十几千米远。它们大的如城堡，小的像鲸，由于形成时受到的压力不同而反射出深蓝、宝蓝、天蓝、湛蓝等不同的色泽。游船穿行其间，就像进入了天然的冰雕艺术世界。

冰川国家公园的主要树种是伦卡树，也是公园内主要的植物群落。阿根廷冰川国家公园的植被主要由两个界限明显的植被群组成：亚南极的巴塔哥尼亚森林和草原。森林中主要的物种包括南方的山毛榉树、南极洲假山毛榉、晚樱科植物、虎耳草科植物等。巴塔哥尼亚草原由东而始，有一大片针茅草丛，其间散布着一些矮小的灌木丛。海拔 1000 米以上的半荒漠地区长有旱生植物垫子草，更高的西部区域则由冰雪覆盖的山麓和冰川组成。这里还生活着不少稀有或濒临灭绝的动物，有分趾蹄鹿、水獭、矮鹿、羊驼、秃鹰等。喜欢群居的啮齿目动物南立大毛丝鼠是公园内特有的。公园内记载的鸟类达 100 多种，其中较为著名的品种有土卫五鸟、安第斯秃鹰、野鸭、黑脖雀等。除鸟类之外，还有其他的脊椎动物生活在阿根廷冰川国家公园中。在哺乳动物中，有一群南安第斯的骆马类动物居住在其他动物并不涉足的区域内。其他重要的脊椎动物有骆马、阿根廷灰狐狸、澳大利亚臭鼬等。

库克山国家公园

库克山国家公园位于新西兰南岛中西部，是一个狭长的公园，公园长达 64 千米，最窄处只有 20 千米，占地 700 平方千米。它南起阿瑟隘口，西接迈因岭，正处于南阿尔卑斯山景色最壮观秀丽的中段。公园内 1/3 的地区终年积雪，雪峰此起彼伏，有 3000 米以上的高峰 15 座，其中库克山雄踞中间，海拔 3764 米，是新西兰最高峰，有“新西兰屋脊”之称。

夕阳下的库克山

库克山在新西兰很有名，是全国最高峰，也是大洋洲第二高峰，不仅因为它山高，而且因为它那特殊的地质历史。据考古学家研究，库克山在 1.5 亿年前仍沉在海底，1 亿年前地壳开始了造山活动，经过漫长岁月不断重复着隆起和侵蚀的交替作用，再加上冰河的侵蚀，造成了今日的景观和地形，成为一个崭新的地带。最令人感兴趣的是它的植被垂直带的变化。库克山海拔 900 米以下是山地森林带，这里森林茂密，多野兔、羚羊，是爬山狩猎的理想场所；900～1300 米为亚高山带，这里有森林、草地、灌木地以及裸露的岩石；1300～1850 米为亚高山草地；1850～2150 米是亚高山森林带，这里岩石裸露；海拔 2150 米以上属于高山地带，这里寸草不生，只见玄黑色的岩石交错于冰雪之间，山间多冰川、瀑布。

关于库克山的形成，当地土著人还有一个神话故事流传着。据说天父和地母的孩子，在造访人间时，变成了石头，这些石头就是后来的库克山以及南阿尔卑斯山脉中一些突起的山峰。但以地质学的观点来看，新西兰南岛崎岖的分水岭其实是太平洋和印度、大洋洲陆块在地壳不断地撞击侵蚀后而形成的。这种持续的碰撞，形成了库克山国家公园的景观。为纪念英国航海家库克，1851 年改为现名。在这片土地上，包括了新西兰境内 27 座 3000 米以上高山中的 22 座，以及 140 座超过 2000 米高度的山峰。此地的天气和它的景致一样令人难以忘怀。本是风和日丽、晴空万里的好天气，但是瞬息间可能就狂风大作。低地年降雨量约为 4200 毫米，但在高山地区，由于冰雪的影响，年降水量可达 5000 毫米。

塔斯曼冰川

库克山国家公园里面聚集着雪山、冰川、河流、湖泊、山林，以及动物和高原植被等，这里带给人们的惊奇是其他地方所无法比拟的。屹立在群峰之巅的库克山顶峰终年被冰雪覆盖，而群山的谷地里，则隐藏着许多条冰川。其中，塔斯曼冰川长约 29 千米，宽 2 千米，深 600 米。在冰川内部，由于它的移动，带着山体的碎石下滑，加上阳光的照射，冰川表面形成了无数的裂缝和冰塔，造型千姿百态、耀眼夺目。库克山侧面黝黑，峰峦重叠，高坡上是斑斑积雪。

在库克山东侧不远的地方，有两个宁静而美丽的湖泊，一个叫作普卡基湖，另一个叫作泰卡普湖。两个湖的背景都是库克山以及周围的群峰，湖水源于冰川，水色碧蓝中含带着乳白，晶莹如玉，平洁如镜。在普卡基湖边，坐落着一个小小的教堂，还有一只牧羊犬的雕塑，它们都静静地守候在湖畔，记载着这里的故事。蓝天、白云、雪山、碧湖、绿色相间的原野和山林，五彩缤纷的花朵，没有人烟，只有大自然的风声掠过人们的耳际。

乌卢鲁国家公园

乌卢鲁国家公园位于澳大利亚北部地区。公园面积 1325 平方千米，主要由艾尔斯岩石和奥尔加山构成。“乌卢鲁”就是土著人对艾尔斯岩石的尊称，意为“庇难及和平的地方”，也有说是“土地之母”的意思，有着深远的文化和宗教意义。1987 年和 1994 年，联合国教科文组织将乌卢鲁国家公园作为文化和自然遗产，列入《世界遗产名录》。

乌卢鲁国家公园

乌卢鲁很荒芜。地球被人们分为南半球和北半球。太阳光每年能垂直照射的地表部分是以赤道为中心的南北回归线之间的区域。南半球回归线横穿澳大利亚中部。回归线所在的区域上空，有大量干热的空气下沉流向地表，导致这里气候干燥，沙漠广布。澳大利亚的沙漠和近似沙漠的土地约占全国的1/3。因此，有人形容澳大利亚是一块不为人类准备的土地。乌卢鲁便处于大洋洲大陆中部，干燥、荒凉有加，是名副其实“拒人于千里之外”的地方。

乌卢鲁国家公园是一个沙漠平原上的公园，遍地的沙粒诉说着干涸，座座由沙堆积成的矮丘犹如坟墓在证明着生命的难存。这里虽不见漫漫“黄沙”，但人的目光触及的却是一片片如血的红色沙漠，它是风“呕心沥血”吟唱得“唇干舌燥”的杰作。红色意味着本地区经历了亿万年的高温干旱，地表的氧化作用很强；红色是氧化铁类物质覆盖地表的结果。到艾尔斯岩石游览的人，都会一睹沙漠日出的奇景。清晨，一抹红光闪出地平线，渐渐由暗转明向上扩散，然后一弯光环探出头来，慢慢地一面上升一面胀大，就像是一团火球从炉中沸腾冒升。地面上由漆黑而暗褐、紫褐、红褐，天空从黑灰而深紫、绛红、绯红，忽然旷野里呈现闪闪烁烁的光芒万点，一会儿又变幻成摇摇晃晃的斑斓光带。从一线曙光初露，到太阳升离地平线，其间光影瞬息万变，这就是大漠上的日出奇观。

艾尔斯岩石

奇异的岩石是乌卢鲁最独特的风景。这里静卧着一块世界最大最高的磐岩独石——艾尔斯岩石。它因1872年欧洲人艾尔斯首先发现而得名。巨石正好耸立在澳大利亚的几何中心上，四周为平原，一石凸起，大有顶天立地之感。巨石高出四周平地348米，长3000米，宽2500米，基部周长约10千米，东面高而宽，西面低而窄。岩石形成于6亿年前，是目前世界上最大的整块单体巨石。从空中俯瞰，它犹如一艘航空母舰停泊在沙海之中，十分雄伟。

艾尔斯巨石上没有天生的节理和层理，它就是一块完整的巨石，表面光滑，寸草不生，鸟兽不栖，独有蜥蜴出没其间。远远望去，岩石有点像胡瓜，也像两端略圆的长面包，更像一头巨兽伏卧，守卫着乌卢鲁，守卫着澳大利亚中部的土地。

岩石色泽赭红，光溜溜的表面仿佛散发着光芒，在3000米外就可看见，显得雄伟神秘。巨岩整体没有裂缝和断隙，只有一些自上而下的或宽或窄的沟槽和浅坑，可能是亿万年来风化的结果。艾尔斯岩石最吸引人的是它的颜色会随着不同的天气和光线而改变。

知识小链接

紫罗兰

紫罗兰，原产于地中海沿岸，目前在我国南方广泛栽培。为十字花科紫罗兰属下的各个种的植物的统称。

艾尔斯岩麓旁有一个神秘的玛姬泉，清澈见底的泉水充溢岩穴。来到泉旁，岩石蔽天，波光粼粼，泉水凉意袭人，一扫沙漠暑气。泉水甘甜可口，却无人知晓来自何方。玛姬泉是土著人的生命泉源，在周围数千平方千米内，仅有这个泉永不枯竭，显得弥足珍贵。人们从巨石西部扶铁链登上峰顶，可眺望乌卢鲁国家公园和周边辽阔的草原、沙漠的壮丽景色，原野上牛群如蚁、大树如草。

奥尔加山

从空中俯瞰，艾尔斯岩石这庞然

袋　鼠

大物不过是茫茫红色沙漠中的一颗红色小石而已。它边上陪伴着高低起伏的卵圆形岩石，那就是奥尔加山，其盛名不在艾尔斯岩石之下。当地土著人管它叫“KATATJUTA”，就是“许多头颅”的意思，从空中望去，奥尔加山好像一堆大大小小的馒头，又像形式各样的头颅，是澳大利亚内陆沙漠上的另一奇景。这座山由28块圆形大岩石组成，有的连在一起，有的个别独立，最高峰约540米，从地面算起，比艾尔斯岩石高190多米。岩面裂缝中多清水，故而各种野生植物和动物能生存于上，看上去比艾尔斯岩石更具活力。在岩石堆中攀岭越谷，眺望远处的冥蒙和近处的飞沙，完全是一派粗犷的大漠风光。奥尔加山是由沉积岩构成的，由于组成岩石的物质比较软，又因为长期遭受风雨的侵蚀，岩石表面被磨蚀，最终形成了现在的圆屋脊形状。据说过去这里是土著人举行祭祀和舞蹈聚会的原始自然图腾之地。当地人认为，奥尔加山不仅是岩石，还是位“巨人”。

猴面包树

乌卢鲁公园里也繁衍着许多澳大利亚独特的动物，如袋鼠、鸸鹋等。袋鼠属于哺乳动物中的袋鼠科，其种类不下四五十种。大袋鼠是其中最大的一种，身长1.5米，有的可达2米，尾巴又长又粗，约1.3

米。它头小，耳大，前肢短，后肢长，跳跃力极强，每小时可跑60千米。鸸鹋的科学名称中含有“快走”之意，样子像阿拉伯沙漠中的大鸵鸟，身高1米多，是世界上最大的陆地鸟之一。它头部和颈部羽毛丰满，不能飞翔，却会游泳，陆上行走快步如飞，时速可达70千米。

> 你知道吗
>
> **鸸　鹋**
>
> 鸸鹋是鸟纲鸸鹋科唯一物种，以擅长奔跑而著名，是澳大利亚的特产，是世界上第二大鸟，仅次于非洲鸵鸟，因此也被称作澳洲鸵鸟，翅膀比非洲鸵鸟和美洲鸵鸟更加退化，足三趾，是世界上最古老的鸟种之一。栖息于澳大利亚森林和开阔地带，吃树叶和野果。鸸鹋终生配对，每窝产7~10枚暗绿色卵，卵长13厘米。在地面上筑巢。雄鸟孵卵约60天。体上有条纹的幼雏出壳后很快就能跟着成鸟跑。特别的气管结构在繁殖期可发出巨大的隆隆声。鸸鹋是澳大利亚的国鸟。

乌卢鲁国家公园内生长着一种猴面包树，也叫澳大利亚瓶树。远远望去，这种形状奇特的树似乎不是从地里长出来的，而是插在一个大肚子的花瓶里。瓶子似的大肚子树干直径可达几米，它把多余的雨水吸收贮存，待到干旱季节慢慢享用，延续生命，真的是未雨绸缪。猴面包树也好像是为游人准备的饮用水。你若在沙漠旅行中饮尽了自带的水，又找不到别的水源，那只需用小刀在猴面包树的肚子上挖开一个小洞，水便汩汩流出，喝之顿解干涸疲乏之苦。据说一棵猴面包树的瓶状肚子里装有10加仑水（1加仑相当于4.54升）。

黄石国家公园

黄石国家公园是世界最大的公园，也是美国设立最早、规模最大的国家公园，位于怀俄明、蒙大拿和爱达荷三州交界处，占地8956平方千米。公园原为荒山原野，19 世纪初始有探险者的足迹。1872 年，总统格兰特在任期间将黄石公园辟为国家公园。黄石国家公园得名的原因是黄石河两旁的峡壁呈黄色。公园内富有湖光、山色、悬崖、峡谷、喷泉、瀑布等景致。但其最独特的风貌，则是被称为世界奇观的间歇喷泉。

黄石国家公园是世界上第一座以保护自然生态和自然景观为目的而建立的国家公园。它不仅拥有森林、草原、湖泊、峡谷和瀑布等自然景观，其大量的热泉、间歇泉、泥泉和地热资源，更构成了享誉世界的独特的地热奇观。黄石国家公园也是野生动物的天堂，是美国野生动物的最大庇护所。

与美洲大陆的其他地方一样，今天的黄石公园地区也曾经是美洲印第安人活动的舞台。考古学家发现，大约在 1.1 万多年以前，就有印第安人在这里建立家园。后来又有另一支印第安人部落移居到此，从事狩猎、采集及原始的农业生产活动。一支被称之为“食羊者”的印第安部落一直居住到 1871 年，直至这里被美国政府划定为国家公园的前一年，才迁居到休休尼风河保留地。黄石国家公园因自然景观和地质现象的差异，分为五大区，分别是玛默斯区、罗斯福区、峡谷区、间歇泉区和湖泊区。

基础小知识

狩猎

狩猎在实际活动中分专业狩猎与业余狩猎两个方面。专业狩猎也叫生产性狩猎，专门从事狩猎生产的猎人叫职业猎人，职业猎人在狩猎生产期间，不从事其他工作。但由于各地情况不同，又有不同的变化，所以，职业猎人又分常年性与季节性两种。

分布在黄石公园里的大大小小的间歇泉总共有 300 个以上，其中最知名的就是“老忠实”间歇泉。“老忠实”泉平均每隔 79 分钟喷发一次，每次喷发大约维持在一分半至 5 分钟，大约有 1 万 ~3 万升的热水在这期间被喷到 30

~50 米的高度。就因为“老忠实”拥有最准时的喷发周期，因此成为间歇泉中的明星，也一直是黄石国家公园地热活动的象征。近年来，由于地震和人为因素的影响，“老忠实”的喷发时间有时会发生偏移。偏移范围大至为 45~100 分钟不等，但这种情况并不常发生。除“老忠实”外，

老忠实间歇泉

黄石国家公园地热活动的多样化更是随处可见。玛默斯区的石灰岩梯田、色彩斑斓的大七彩温泉池、黄石湖区的鱼人锅泉眼，其他如泥火山、汽孔等景象，都呈现了黄石地质景观的特殊性。

间歇泉的泉口下，是一个长而窄、有如管状的裂隙。受热的地下水上升后会进入裂隙。在原本就充满水的裂隙中，水的重量压制了地下水，使它无法继续上升，于是形成了一个巨大的压力“锅炉”。当“锅”里的水经熔岩不断地加热，水温超过了临界温度而沸腾成蒸汽，蒸汽的力量就把裂隙的水一下子全喷出去，形成一次喷发。喷发后，新的地下水会再补充进“锅炉”里，整个作用便再循环一次。这种周期性的喷发，即形成了间歇泉。

石灰岩梯田又称石灰华台

趣味点击

独木舟之河——密苏里河

密苏里河是美国主要河流之一，密西西比河最长的支流。密苏里河发源于蒙大拿州黄石国家公园附近的落基山脉东坡，流至密苏里州圣路易斯以北汇入密西西比河。全长 4300 多千米。密苏里河的名称，来源于土著印第安人阿尔冈金部落，意为“大独木舟之河”。

地。由于地下热泉中溶有较高的碳酸钙离子，热泉在熔岩热力的作用下形成一口“上升井”，自地表一个泉眼中涌出，并向低处流淌冷却，即会慢慢在山坡上开始沉积碳酸钙结晶。长久下来，碳酸钙沉淀便形成了这种“石灰岩梯田”。而热泉中滋生的各种藻类又往往为梯田披上了一层层彩衣。泥锅的成因在于热泉水中含有丰富的硫黄，当热泉水与硫黄物质、泥土及天然气相混合，便产生了这种特殊的地热现象。其中硫磺的沉淀形成黄色土壤，而硫化铁和氧化铁沉淀则使土壤呈黑色或紫色。当地面降水渗入地下的量不足时，地层中的熔岩迅速将水分蒸发汽化。这些蒸汽不断由地下喷出便产生汽孔。

由于地层中被熔岩加热的地下水密度小于刚渗入地层的冷水，因此热泉会处于冷水的上方，之后逐渐上升而冒出地表，形成热池。在热泉或热池的表面常可见到翻腾的气泡，这是自地层中排出的二氧化碳，并不是沸水。通常热泉和热池的温度比间歇泉低许多，这种较低温的热泉或热池，常因不同的温度滋生不同颜色的藻类，而呈现出丰富美丽的色彩。而且泉中沉淀出来的二氧化硅会在地表泉眼处形成蛋白色的泉华，这也是其特色之一。

黄石河

发源于黄石国家公园的黄石河是塑造黄石国家公园胜景的重要因素之一。黄石河由黄石峡谷汹涌而出，贯穿整个黄石公园到达北部的蒙大拿州境内，全长 1080 千米，是密苏里河的一条重要支流。黄石河将山脉切穿而创造了壮观的黄石大峡谷。在阳光的照耀下，峡谷两岸峭壁呈现出金黄色，仿佛两条曲折的彩带。由于黄石河穿行的地势高，水源充沛，黄石河及其支流深深地切入峡谷，形成许多激流瀑布。黄石大峡谷源头的高塔瀑布高达 40 米，水流从山间奔腾而下，水声震耳欲聋，响彻峡谷两岸。在湖泊区还有北美洲最大的高原湖泊黄石湖。由于黄石河的充足补给，黄石湖水面辽阔，面积达 353 平方千米，形成了自己特有的气候景观。

黄石国家国家公园不仅景观壮丽，而且其对生态的保护也走在世界的前列。各国相继效仿黄石国家公园建立了自己的国家公园。在黄石国家公园成立至今的 100 多年中，国家公园的含义是在逐步摸索中建立起来的。在这里，生态保护的观念也有好多次转变。黄石国家公园最初对待森林火灾的态度是尽力保护森林资源，对火灾采取主动灭火策略。但到 20 世纪 60 年代，生物学家认为，国家公园应尽可能维持其自然状态，自然发生的火灾就应该让它去烧，使自然环境更健康，黄石国家公园的灭火政策也相应转变。1988 年的一场大火，烧掉了公园森林面积的 45%，奉行了几十年的“不管政策”才终止。公园管理当局吸取教训，决定将火灾分为良性与恶性两种，做出评估之后，再选择扑灭或者让它燃烧。

野 牛

另外，黄石国家公园面临的另一个问题是如何维持生态的平衡。大量繁殖的野牛和麋鹿对公园的生态造成破坏，而且野牛的定期迁徙更有传播牛瘟等疾病的威胁。于是公园宣布野牛为可猎杀的野生动物，这一举措差点造成黄石公园野牛的灭绝。后来，野牛的数量恢复后，公园管理当局“引狼入室”，将过去曾在此出没的灰狼从加拿大引回，为野牛制造天敌，以求达到控制野牛的种群和数量。

冰河湾国家公园

冰河湾国家公园位于美国阿拉斯加州和加拿大交界处，区内包括一系列冰川。1925 年这里成为国家纪念公园，目的在于保护冰川环境和当地植被。1980 年冰河湾成为国家公园和保护区，1986 年此处被联合国教科文组织列为生物保护区。公园覆盖面积约 13000 平方千米，包括约 2500 平方千米的咸水区和 1415 千米长的海岸线。这里有丰富的自然景观和完整的生态系统，典型的冰川作用形成了迷人的景色。绵延的高山、环抱着避风港的海滩和峡湾，以及潮汐冰川都是这一地区的特色景观。

1794 年，英国航海家温哥华乘“发现”号来到艾西海峡时，还没有冰河湾。他所看到的只是一条巨大的冰川的尽头，那是一堵 16 千米长、100 米高的冰墙。但是 85 年后美国博物学家缪尔来到此地，发现的是一个广阔的海湾。冰川已向陆地缩回了 77 千米。

冰河湾国家公园

现在，在冰河湾国家公园里，冰蚀的峡湾沿着两岸茂密的森林，伸入内陆 100 千米，尽头是裸露的岩石，或是从美加边境山脉流下的 16 条冰河中的某一条。高高的山峰远远耸立在地平线上，俯视这片哺育冰川的冰雪大地，其中最高峰是海拔 4670 米的费尔韦瑟峰。

1879 年，缪尔曾经攀登过高耸入云的费尔韦瑟峰。他描述过翼状的云层环绕群峰，阳光透过云层边缘，洒落在峡湾碧水和广阔的冰原上；还描述黎明景色非凡美丽，山峰上似有红色火焰在燃烧。“那壮丽的辉光消失了”，陶醉其中的缪尔写道，“那五彩斑斓的万道霞光渐渐消退了，变成了淡淡的黄色与浅白”。如此美景至今仍可看到。

冰河湾沿海地区属于海洋性气候。夏季，融化的雪水在冰川底部咆哮，冲蚀出洞穴和沟渠，最终，不断融化的冰川薄得无法支撑时，便轰的一声塌下来。在最近的几个世纪里，冬季的降雪量不及夏季的冰雪消融量，于是冰川以每年 400 米的速度后退。缪尔冰川在 7 年中后退了 8000 米。冬季气候温和湿润。内陆属于高海拔地区，气候终年严寒。整个地区年平均降水量约 1800 毫米，海边地带为 2870 毫米，内陆为 390 毫米。冰河湾是一块尚未被开发的荒野，因近两个世纪来的冰川迅速融化和 16 个潮汐冰山的形成而引起世人瞩目。这里的 16 个潮汐冰山占世界上已发现的 30 个潮汐冰山的一半以上。

座头鲸

冰河湾还有许多有特色的海洋物种。这里的土壤层逐渐形成，阴地植物根部的固氮细菌使土壤肥沃。一簇簇矮桤木和柳树出现了，接着出现了更高大的黑三角杨，最后让位给铁杉林和云杉林，它们现已遍布海岸。出现植被后，吃植物的动物随之出现，继而出现猛禽和猛兽，如狼等。夏季，巨大的冰山为海狗提供了栖息地。夏季还有 14 米长的座头鲸到来，它们在夏威夷过冬后，便来此翻腾嬉戏。缪尔目睹了无数冰山的诞生，为之神往。他写道：“它们几个世纪来一直在冰川中蠕蠕而行，如今终于得以摆脱，在水中沉浮翻转，成为蓝色水晶岛逍遥漂流。”在 18、19 世纪，这里出现了比较稳定的居民群，他们居住在阿尔塞克河的边缘地带。有许多证据显示这条河在历史上占有很重要的地位。除了当地居民，也发现了欧洲人到过这里的痕迹，他们挖矿、做皮毛交易、伐木、捕鱼和进行探险活动。潮湿的气候和植物的快速生长掩盖了大部分的人类居住痕迹。

马杰瑞冰河

当然，冰河湾最有特色的肯定是冰河。整个冰河湾国家公园包含了18处冰河、12处海岸冰河地形，包括沿着阿拉斯加湾和利陶亚海湾的公园西缘。几个位置遥远，且罕有观光客参观的冰河，都属于冰河湾国家公园所有。

泛太平洋冰河是一处退却的冰河，1879年缪尔抵达时，已向北退却了约24千米；1999年长度约为40千米、宽度约为2300米、高度约100米，是冰河湾国家公园最壮丽的到海冰河，穿越于美国阿拉斯加州及加拿大不列颠哥伦比亚省的边界。目前这条冰河表面覆盖着大量由上游携来的泥沙，略显灰暗。

哈普金冰河约20千米长、1600米宽、61～122米高，为纪念约翰·哈普金1879年与约翰·缪尔一起进入冰河湾而得名。

瑞德冰河位于瑞德内湾。瑞德内湾为冰河湾国家公园进出泛太平洋冰河及马杰瑞冰河的通道，由于冰河的堆积与密度的不同，在切割的冰雕间，可以看到原来冰不是只有一种颜色，还有各式各样的蓝色，在迷蒙的雾中更添一分神秘的色彩。

广角镜

冰　雕

冰雕，是一种以冰为主要材料来雕刻的艺术形式。同其他材料的雕塑一样，冰雕也分圆雕、浮雕和透雕三种。

那么，冰河为什么看起来是蓝色的呢？冰河磨松河壁，造成大小不一的岩石碎块。碎石夹杂在冰河内部或压在冰河底，被带到了湖泊中。大块的碎石沉淀形成三角洲，小块的碎石则散入湖区，只剩下最小的类似波形瓦的冰块浮在水中。分布在水中的冰块，可以折射光线中的蓝色和绿色光线。因此这些冰河就有了举世闻名的特殊色彩。随着冰河融化的季节到来，湖泊的色彩会因水中的冰块增加而更加光彩夺目。冰河的表层若是呈现出白色及灰色的色彩，是因为里面含有空气及杂质，影响了光线的折射。在冰河较深层的冰块，因冰河流动的推挤过程自然会将空气及杂质挤压出来，所以呈现蓝色的光泽。经过挤压的冰块结晶大都是同样的大小，而且能够在日光中呈现蓝色波。

冰河湾国家公园中冰河的形成，是因为积雪速度超过融雪速度。简单来说，高山地区温度比平地低，每上升 100 米，温度即降低 0.6℃，当温度降至 0℃时，又有足够的湿度及雨量，便会下雪；而下雪的地方，形成一条无形的线，即所谓雪线。雪线以下温度未达 0℃，不会下雪；雪线以上的地区，温度为 0℃以下，才会下雪。当冬天来临时，温度降低，雪线以上的高山地区快速积雪；而春天来临时，温度上升，将积雪融化成水。当积雪还未完全融化的时候，冬天又来了。于是温度降低，水遇冷结成冰，并再次下雪，堆积在原先结的冰上。如此年复一年，当冰的厚度累积到某种程度时，因地心引力，便顺山

拓展阅读

黑森林

黑森林大部分被松树和杉木覆盖，其中一部分是经济林。人们之所以称其为“黑森林”，是因为山上林区内的森林密布，远远望去黑压压的一片。但上世纪的玻璃工业对木材需求巨大，加上农业开发，整个黑森林地区的森林覆盖面积只相当于罗马时代，到近年人们开始注重环保后，森林覆盖率得以恢复至 60%左右。

势滑动，于是形成冰河。

化石林国家公园

化石林国家公园位于美国亚利桑那州北部阿达马那镇附近。这里是世界上最大、最绚丽的化石林集中地。数以千计的树干化石倒卧在地面上，直径平均在1米左右，长度在15~25米，最长达40米。在完整的树干化石周围，还有许多破碎零散的化石木块。这些石化的树木年轮清晰，纹理明显，宛如碧玉玛瑙夹杂着片片碎琼乱玉，在阳光之下熠熠发光，使人眼花缭乱，叹为观止。

化石林地区有6片密集的“森林”。最美丽的叫作彩虹森林，其他的如碧玉森林、水晶森林，玛瑙森林、黑森林和蓝森林。它们原是史前林木，约在1.5亿年前的三叠纪年代被洪水冲刷裹带，逐渐被泥土、砂石和火山灰掩埋。几经地质变迁、陆地上升，这些埋藏在地下的树干得以重见天日。可是其木质细胞已经发生矿化作用，又被溶于水中的铁、锰氧化物染上黄、红、紫、黑和淡灰等颜色。如此日积月累，就成了今天五彩斑斓的化石树。

化石林国家公园

在化石林地区，还发现有陶器碎片。据考证，早在公元6~15世纪，就已有从事农业生产的印第安人在此生息。在“报纸岩”上，游人可以看到许多古印第安人留下的石刻，石刻的内容包括象形文字、大块砂石上雕刻的各种花纹、巨狮石刻以及人形和含有宗教象征意义的图案。此地的居民曾用化石树做成房屋和桥梁。离玛瑙桥不远处有几个眺望点，极目远望，漫山遍野全是化石树段，不由得让人惊叹大自然的神奇创造力。

在零星散落的彩色化石岩林中，有一处景致不可错过，那就是长2000米、名为“蓝色弥撒”的环形路两侧山坡的迷人景色。从路中向下俯视，蓝紫色的山丘高矮起伏，营造出一种身处外星球的奇异梦幻的色调。

但是不管游客如何喜爱那些琳琅满目的可爱岩片，采撷一两片带回家去却是绝对不允许的。据说，在最早一批探险家发现化石林之前，岩石晶体的颜色还要丰富得多。后来，随着人们纷沓而至，将晶体开采后运出园外，当时一些很常见的颜色，像半透明的紫水晶色、烟白色、柠檬黄色的晶体，现在已经见不到了。

基础小知识

叉角羚羊

叉角羚羊起源介于牛科和鹿科之间，角也介于二者之间，分为骨心和角鞘，雌雄均有角，角不脱落，但是角却像鹿角那样分叉，角鞘则每年脱落。然而即便是DNA分析也仍然难以确定叉角羚科与哪个离得更近一些。角羚科在史前时期是北美洲非常繁盛的有蹄类，种类繁多，现在仅存叉角羚一种，原本数量较多，后被大量捕杀，受到保护后又有所恢复。

化石林国家公园中的多处化石林中，尤以公园南门附近的“彩色沙漠”最为著名。据说，“彩色沙漠”的奇异景致最早是由来此探险的一群西班牙探险家发现的。他们惊诧于这里的“岩石”呈现出的宛如七色彩虹一般多彩、明快的色调，于是给这片岩石地取名“彩色沙漠”。光秃起伏的沙丘地，单一呆板的土黄色，美国化石林国家公园内这片荒漠原本只是了无生趣的沙丘地。但是，有了屹立在沙丘上的一片彩色岩石林的点缀和渲染，原本平淡无奇的荒丘顷刻幻化成了色彩斑斓、情趣盎然的“彩色沙漠”。

化石林公园中央贯穿有一条长 45 千米的公路，沿途共设有 16 个山间观景点。这些景点或侧重于横穿彩色沙漠的狭长山谷的恢宏气势，或侧重于富有印第安土著文化特色的岩石雕刻。当然，最吸引人的景色还是要数由 2.5 亿年前的树木演化沉积而成的彩色岩石。

叉角羚羊

化石林中也不是没有生物的踪迹。叉角羚羊就经常出没于化石林公园内，在这里寻找食物。叉角羚羊属于牛科。它的角分双叉，略似鹿角，与鹿角一样每年脱落长出新的。但叉角羚羊的角不是从基部脱落，而是从旧角内另外长出新角。叉角羚羊类分布区局限于北美。叉角羚羊在中新世出现。

大特顿国家公园

大特顿国家公园位于美国怀俄明州西北部壮观的冰川山区，1929 年建立，占地 126 平方千米。公园内最高的山峰是大特顿峰，海拔 4198 米，有存留至今的冰川。分布在该地的冰湖以珍尼湖为最著名。斯内克河上用水坝拦堵形成的杰克森湖为当地最大的水域。高耸入云的山巅，覆盖着千年的冰河，山连山，峰连峰，宛如进入人间仙境。公园内有成群的美洲野牛、麋鹿和羚羊，还有其他许多种哺乳动物。

大特顿国家公园是美国著名的旅游胜地。公园内海拔 3048 米以上的山峰有 20 余座，是登山者的乐园，还专门设有爬山学校。中西部的德顺山脉像矗

大特顿国家公园

立在海中的嵯峨岛屿，从远处看，只见几抹白云，走近时，峰峦逼人，万壑千山从杰克逊坳地拔地而起，显得格外高峻挺拔，巍峨雄秀。其最高峰大特顿峰海拔 4198 米。在开满小红花的碧绿草原上，是一片郁郁苍苍的林群，其上耸立着山色变幻的高峰，从灰到蓝，由蓝到紫，有时几乎与衬托的白云浑然一体。公园东部有一系列冰川形成的湖泊，其中杰克森湖最大。这里有几条公路贯穿南北，一路上可观赏到冰川偎依着峡谷，湖泊倒映着蓝天，飞瀑倾泻，溪水长流的景色。

大特顿山脉是个长约 60 千米、宽约 20 千米的小山脉，在这小山脉中也只有 8 座山峰超出海拔 3658 米，其中最高的大特顿山峰也只高出海平面 4198 米而已。大特顿山脉的山峰群是以近似天主教教堂尖顶型的角度，由湖面直插入云霄的。是地块上举作用造成了大特顿山脉，但周而复始的冰河时期，才是真正的石雕家。大特顿山脉隆起后，经数百万年的侵蚀作用，冲刷掉了原本山脉外层比较松软的沉积岩层，使得

广角镜

花岗岩的成因

在成因方面，有人认为花岗岩是地壳深处的花岗岩浆经冷凝结晶或由玄武岩浆结晶分异而成，也有人认为是深度变质和交代作用所引起的花岗岩化作用的结果。许多有色金属矿产如铜、铅、锌、钨、锡、铋、钼等，贵金属如金、银等，稀有金属如铌、钽、铍等，放射性元素如铀、钍等，都与花岗岩有关。花岗岩结构均匀、质地坚硬、颜色美观，是优质建筑石料。

构成地底深层的坚硬花岗岩、片麻岩露出。尔后大约在 15 万年前的冰河时期，此地气候逐渐变冷。年复一年的厚雪积在山中的洼地或溪流的源头，又加上洼地或水源地承受了附近山上的崩雪，使得深厚的雪堆聚成冰。当冰的体积逐渐增大时，冰的重量使冰本身渐往低处移动。此时原本的洼地或水源地也不断有新的冰雪聚集而成冰河源头。如此的作用就产生了一长条如河状的山岳冰河。

大特顿国家公园内的湖水主要来自大特顿山脉的溪流及冬季积雪，而园区内最大的天然湖泊是长约 26 千米、最深处 130 米的杰克森湖。它与公园内其他湖泊最不相同的是，它主要的水源是汇流了黄石国家公园南半部区域溪流的蛇河。因此杰克森湖对其西邻的爱达荷州的农业灌溉颇为重要。

夏威夷火山国家公园

夏威夷火山国家公园位于太平洋中的美国夏威夷州。1987 年，联合国教科文组织将夏威夷火山国家公园列入《世界自然遗产名录》。国家公园面积 929 平方千米，主要包括莫纳罗亚和基拉韦厄两座现代活火山。自海底喷发的火山，造就了太平洋上成串如珠的夏威夷群岛。岛上至今仍未停息的火山长年不断地“吞云吐雾”。国家公园内不但植被丰富，还吸引了各种动物在此繁衍生息，由此构成了一座多彩多姿的生态乐园。

夏威夷群岛最早期的拓荒者是一群来自大洋洲马克萨斯群岛的水手。他们在公元 600 年时找到前往夏威夷群岛的路径，带了食物和牲口，从大岛（即夏威夷岛）南端登陆。至于他们为何离开故乡，移居到 1600 多千米之遥的地方，原因无人知晓。但有部分历史学家推测，他们可能是在探险途中受到火山烟云或爆发时的橘红色光辉吸引。

1778 年英国探险家库克为寻找大西洋与太平洋间的最短航程，意外地发现了夏威夷群岛。他以当时海军将领的名字为诸岛命名，从此开启了西方人士的探险之门。在库克船长航行到此后不久，大岛的酋长卡美哈美哈借助西方的作战技术降服各岛，建立夏威夷王朝，并对当时销往中国的白檀木征收出口税，奠定了王室的基础。库克船长的意外发现不但促使夏威夷与西方开始文化交流，特殊的火山地质景观更使得探险家们对此地趋之若鹜。

西方国家最早记录夏威夷火山爆发的文献出自英国传教士威廉·艾里斯之手。他在 1823 年跟随三位美国人和一群当地向导，徒步攀爬至基拉韦厄火山的峰顶。在当时交通不便的年代，这段路途需不畏艰辛且需费时数日才能到达。除了艾里斯之外，从 18 世纪中期到 19 世纪，更有络绎不绝的科学家、探险家和游客不辞艰辛地来到这里，沿着垂直陡峭的火山口壁边缘，寻找与地球其他地区全然迥异的景观。

1916 年 8 月 1 日，美国总统威尔逊签署了设立夏威夷火山国家公园的法案。后来经由收购、捐赠及美国国会的争取，公园的范围逐渐扩大，到 1922 年已超过创建时的两倍，面积达 929 平方千米。

夏威夷岛是夏威夷群岛中面积最大的岛屿，比其他岛屿面积的总和还要大。这个岛是由两座活火山在几十万年前从海底冲出水面形成的，斗转星移，形成了海滩、热带雨林、火山地貌这样一个多彩多姿的宝岛。

夏威夷岛上的风光

夏威夷群岛中的夏威夷岛目前正位于热点的中心，是夏威夷群岛中火山活动最频繁的地方。夏威夷火山的最大特点是高度流动性的玄武熔岩，而不是爆炸式的火山喷发。在长达近 200 年的岁月中，这里只有一个人死于火山爆发。所以夏威夷火山不仅不是死亡坟场，还被设立为国家公园，成为人们游览的胜地。

莫纳罗亚火山喷发时的熔岩河

莫纳罗亚火山海拔 4170 米。这座圆锥形的火山是从水深 6000 米的太平洋底部耸立起来的，从海底到山顶高度超过 10000 米，比世界最高峰珠穆朗玛峰还高出 1000 多米，为岛上第一大火山。倾泻的大量熔岩使山体不断增大，有“伟大的建筑师”之称。

莫纳罗亚火山是一座典型的盾形火山，每隔一段时间便会爆发一次。在过去 200 年间，莫纳罗亚火山喷发过 35 次。至今山顶上还有好几个锅状的火山口。1959 年 11 月，火山爆发的熔岩冒着气泡从一个长达千米的缺口处喷射出来，持续时间达 1 个月之久。岩浆喷出的最大高度超过了纽约的帝国大厦。流出的熔岩达 4.6 亿立方米，足以铺设一条环绕地球四周半的公路。最近的一次喷发发生在 1984 年 4 月。喷发的熔岩向夏威夷岛首府希洛方向流泻了 27 千米。大喷发前巨大的热浪在火山上空形成滚滚乌云，云层又产生雷电，以致出现了下雪天气。有时为了保卫附近的渔村民居的安全，政府会动用飞机轰炸以改变熔岩流向。那举世罕见的壮观场面，吸引了来自世界各地的游客，前来进行科学研究的科学

猫　鼬

家更是络绎不绝。

基拉韦厄火山耸立在莫纳罗亚火山东南侧约 32 千米处，海拔 1243 米，为岛上第二大火山。基拉韦厄的意思是“吐出许多”。山顶形成一个茶碟形的火山口盆地。盆地之内以赫尔莫莫（意思是“永恒火宫”）火山口最为著名。过去这里的熔岩像湖面的湖水，经常如潮汐般涨落。基拉韦厄火山在 1959 年大爆发时，熔岩喷射高度达 580 米。20 世纪 80 年代以来，它更为活跃，从 1983 年初到 1984 年 4 月，爆发了 17 次。火焰飞溅，熔岩奔腾，岩浆像喷泉一样向上翻涌，有的从火山口溢出，有的从岩层裂缝中迸泻而下。金黄色的巨流像巨大的炼钢炉中倾泻出的钢水，汹涌澎湃，蔚为壮观。

除了壮丽的火山，夏威夷群岛还是众多动物繁衍生息之地，有山羊、山猪、鹿、猫鼬等哺乳动物，以及夏威夷雁、吸蜜鸟等特有鸟类。由于经历外族迁徙，生态结构改变，包括动植物在内的本土原生种已不多见，但岛上现存的昆虫中，仍有约 1 万种是此岛独有的。

公园有 5000 个物种是从外部带进来的，其中 25 种特别有破坏性。最可恨的侵犯者是原产于加那利群岛的硬木树、来自巴西的草莓番石榴、来自南美洲的香蕉藤和一种名叫“科斯特的诅咒”的中美洲灌木。它们的繁殖力很强，扼杀了当地的植物。但是人们已经对这些有害植物宣战。人们从加那利群岛进口了一种昆虫来对付硬木树，但见效甚为缓慢。国家公园的植物学家琳达·普拉特试用了各种除莠剂，但要冒破坏

你知道吗

猫鼬能杀死一条眼镜蛇

鼬又名蒙哥，直立身高仅 12 英寸，是一种小型、花面的哺乳动物，居住在地球上最炎热、最干旱的地区之一。作为獴科动物之一，这种可爱、早熟且喜欢群居的动物，性情凶暴起来，足以杀死一条眼镜蛇。

无害植物、污染水域的风险。“要生存还是死亡”的海报四处张贴，向人们展示一种野牡丹属植物的名称和照片。必须在这种繁殖迅速的植物布满全岛之前就根除它。这种植物在塔希提（法属波利尼西亚）已经占领了3/4的丛林地带。

如今夏威夷火山国家公园已成为首屈一指的观光胜地，它吸引了世界各地的艺术家，不远千里地来到公园旁的火山村或其周围定居，以便从事艺术创作。

拓展阅读

石　榴

石榴，别名安石榴、海榴，石榴科石榴属。落叶灌木或小乔木。针状枝，叶呈倒卵形或椭圆形，无毛。花期5～6月，多为朱红色，亦有黄色和白色。浆果近球形，果熟期9～10月。外种皮肉质半透明，多汁；内种皮革质。原产于伊朗及其周边地区。

大沼泽地国家公园

大沼泽地国家公园，位于美国南部的佛罗里达州，建于1948年，面积约5670平方千米，属热带与亚热带。这里沼泽遍布，河道纵横，小岛数以万计，陆地、水泊、蓝天浑然一体。整个大沼泽长约100千米，宽约80千米，其中央是一条浅水河，河上有无数低洼的小岛或所谓硬木群落，星罗棋布。当河流向东南方缓缓地流淌时，大海与之汇合，

大沼泽地国家公园

咸水和淡水融为一体。这里水中的生活环境为无数的鸟类和爬行动物，以及海牛一类的濒危动物提供了很好的避难场所。

大青鹭

美国作家道格拉斯曾经把佛罗里达州这片沼泽地描述为“地球上一个独特的、偏僻的、仍有待探索的地区”。她写道：“大沼泽地广阔无垠，波光粼粼；碧蓝闪耀的苍穹，清风有力地吹拂着，其中夹杂着咸中透甜的气味。浩瀚的水面上布满茂密的莎草，翠绿色和棕色的莎草交织成一大片，闪烁着异彩；草丛下，水色灿烂，流水静淌。”

佛罗里达州南部的印第安人则把这片沼泽地称为“帕里奥基”，意思是“绿草如茵的水域”。这里大部分属地势低洼平坦的水涝地，辽阔的莎草丛可高达 4 米。稠密的亚热带森林和柏树丛生的沼泽，使人感到仿佛有恐龙隐伏在神秘的丛林深处。

大沼泽地国家公园的生态莎草草原生机勃发。在莎草丛生处可以看到青蛙，在另一边，裂开似的荚果里是成群的蚱蜢。每逢夏天，热带斑纹蝴蝶便经常在这里出没。水中生长着许多种鱼、蝌蚪及蜗牛等软体动物。大沼泽地区有大量水生物，是世界上的鸟类胜地。19 世纪 80 年代，随着更多拓荒者的涌入，成千上万只鸟儿被杀以供给羽毛。1905 年，当局通过了一项禁猎法律以保护这一带的鸟雀。现在有超过 350 种鸟雀在此栖息或经常到访，包括篦鹭、大青鹭、白鹭鸵鸟。

目前，公园内有 14 种鸟类濒临灭绝，外来物种的入侵、鱼类及其捕食者的汞中毒等都严重威胁着这个公园的生态。受湿地生态环境改变的影响，佛罗里达湾已经由原来物产丰富的河口，变成了现在的“海藻汤”（注：海藻的剧增是生态环境恶化的标志，如赤潮）。据介绍，海藻的数量由1945年少于50万剧增到目前的600万之多。然而，这种趋势没有被遏止，反而愈演愈烈。据推算，南佛罗里达的人口数量在未来的20年中将要翻一番，这将可能导致公园的生物灭绝。

知识小链接

白　鹭

白鹭属共有13种鸟类，其中大白鹭、中白鹭、白鹭（小白鹭）和雪鹭4种，体羽皆是全白，通称白鹭。大白鹭体型大，既无羽冠，也无胸饰羽；中白鹭体型中等，无羽冠，但有胸饰羽；白鹭和雪鹭体型小，羽冠及胸的羽全有。白鹭在繁殖期所生的冠羽和蓑羽可做装饰用，俗称白鹭丝毛，常远销欧美和世界各地。

大沼泽地国家公园还有许多珍稀动物。曾面临灭绝危险的美洲短吻鳄，如今正在这里繁衍生息。20世纪初曾被大量捕杀的玫瑰色阔嘴鸭鱼和泥龟、海豚和幼鲨在这一带酷热的水域内寻找红树树根，栖息其中。橄榄绿色的美洲鳄，鼻子比短吻鳄更长更窄，目前在大沼泽地国家公园内的大赛普里斯保护区是这些美洲鳄的唯一栖息地。体形优美的海牛在佛罗里达关岛附近的海中游动。海牛一般长约3米，重约500千克。海岸附近繁忙的水上交通导致许多海牛死亡，更多的则被机动船的螺旋桨弄得伤痕累累。目前佛罗里达州仅剩下约1000头海牛，保护海牛的计划正在进行中。

忍受文明伤害的不仅仅是海牛。20世纪早期拓荒者发现死去的莎草层是很好的肥料，于是开始排水、灌溉。现在约1/4的大沼泽地成了农田。运河改变和控制了水流。这一切破坏了水和野生动物之间的平衡。但形势正在转变，曾被农业污染的奥基乔比湖正在进行净化工作。

卡特迈国家公园

卡特迈国家公园位于美国阿拉斯加半岛。卡特迈国家公园的出名在很大程度上与卡特迈峰的诺瓦鲁普塔火山在1912年的爆发有关。据测算，诺瓦鲁普塔火山的那次爆发强度要比1980年圣海伦斯火山爆发的强度大10倍，在历史上也十分罕见。火山四周几十平方千米的地区落下的火山灰有200米厚，喷出的烟尘则飘散到了北半球的大部分地区。在火山爆发最猛烈的那几天，离诺瓦鲁普塔火山有上百千米远的科迪拉克镇被浓烟笼罩，几步之外视野一片模糊。

美洲短吻鳄

直到1916年，才有人开始对1912年的卡特迈峰诺瓦鲁普塔火山爆发造成的危害进行评估。美国国家地理协会组织的探险队队长罗伯特·吉格斯这样描绘当年观测到的火山灰飘落的情景："整个峡谷最远只能看到几百米远，火山灰引起的火山烟尘飘荡在山谷上空，空气十分呛人。"而这时，已经过去了4年。探险队发现火山仍然冒着上千条烟柱，大部分都有几十米高，少数烟柱竟然高达百米。"我们目瞪口呆，心里充满了恐惧。"吉格斯回忆道，"我们被彻底吓倒了。我们无法正常思考或者行动，真是令人胆寒的恐怖。"

吉格斯把这一地区命名为“烟之谷”，并且发起了保护这一地区的运动。1918 年，卡特迈国家公园成立。60 多年后的 1980 年，公园的面积有所扩大。公园新增加后的面积超过 1 万平方千米。今天，尽管时光已经吸干了“烟之谷”的烟雾，但每年仍有 5 万多名游客慕名而来观光。卡特迈国家公园内的 15 座随时都可能爆发的活火山对游客具有极强的吸引力。

诺瓦鲁普塔火山

卡特迈峰地区的另一吸引人之处是公园内的棕熊。作为陆地上最重的肉食动物，有的棕熊体重达 1 吨多。在每年的七八月份，这些贪吃的家伙把大部分时间都花在到布鲁克斯河与纳克奈克湖之间的水边去捕食味道鲜美的大马哈鱼上。人们可以在河边的观景台上就近观赏到这些大家伙的忙碌身影。公园里的动物除了棕熊之外，还有驼鹿、北美驯鹿、野狼等。而湖泊里则生活着数量众多的天鹅、野鸭和各种海鸟。另外，还有数量众多的北极燕鸥在这里栖息。它们每年都在阿拉斯加和南极之间来回奔波。

棕　熊

阿拉斯加常见的海鸟是北极燕鸥。北极燕鸥是北极地区常见的鸟类。它们主要分布在欧洲、亚洲和北美洲的北部环北冰洋沿岸和岛屿上。北极燕鸥全身灰白色，头顶的颜色显得稍微深一些。每年夏天，北极燕鸥的嘴巴和腿都变成红色。冬天来临的时候，北极燕鸥的嘴和腿的颜色又都会变成深红色。北极燕鸥幼鸟的翅膀背面是白色的，随着时间的推移，翅膀的颜色会逐渐变成较深的灰色。

北极燕鸥以常见的无脊椎动物为食，像昆虫和海洋软体动物都是北极燕鸥的美味佳肴。北极燕鸥的巢总是建造在紧靠海边的沙地上。它们在沙地上挖个坑就算是安家落户了。每当繁殖季节到来的时候，成千上万的北极燕鸥在海边的沙地上筑巢的情景蔚为壮观，海滩上一片鸟声鼎沸。

北极燕鸥

北极燕鸥每次只产下1~3枚卵。雌鸟和雄鸟共同担负孵化下一代的任务。在20多天的孵化期里，雌鸟和雄鸟总是轮班进行孵化工作。它们还不时地翻动巢里的鸟蛋，让鸟蛋上不同的部位都能保持相对恒定的温度。幼鸟出壳后的两天内，就可以跟着父母到海中游泳，学习捕食的方法。再过20~22天的时间，雏鸟的羽毛逐渐丰满，翅膀越来越有力，它们终于可以在蓝天上飞翔了。在冬天来临之前，它们要迁徙到地球的另一端——南极去越冬。来年春天，它们还会从南极飞回北极。因此，它们是全世界候鸟中迁徙距离最远的鸟类。

其他奇观

GUIFUTIANGONG DE DILI QIGUAN

乐业天坑、路南石林、西双版纳，还有阿拉斯加极光，这些壮丽的奇观无疑透露出大自然的鬼斧神工。本章重点介绍一些在上述章节中没有提到过的自然奇观，让你在观看本章的同时不禁感叹大自然的美妙与多姿。

乐业天坑

天坑是一种“岩溶”或称“喀斯特”地质现象。岩溶发生在地面上，则形成洼地、峡谷、石林；如果岩溶发生在地下河里，则会产生溶洞。天坑是喀斯特地貌中的地面与地下的一种综合性产物，一般在地表小型的称为喀斯特漏斗。当喀斯特漏斗形成巨大的溶蚀空间和深度时，它必然与地下密切接合，这时的喀斯特漏斗被赋予特定的名称，如天坑、巨型漏斗。

乐业天坑位于广西百色地区乐业县。天坑是一种世界罕见的地质奇观——喀斯特漏斗群，又称天坑群。这是世界上已发现的最大的天坑群。它由20多个天坑组成，其中最大最深的天坑叫大石围天坑，深达613米，南北走向宽420米，东西走向长600米，周边为悬崖绝壁，底部有大片原始森林。

乐业天坑

形成于6500多万年前的乐业天坑群已被公认为世界上最大的天坑群。它被称为“天坑博物馆”和“世界岩溶圣地”。其中被称为大石围的最大的天坑坑底原始森林面积达十几万平方米，位居世界第一位。乐业天坑群曾是一片汪洋大海，后来形成了巨厚的海底沉积物，以碳酸盐为主体的石灰岩厚达80%以上。海西运动使陆地相对扩大，燕山运动使这里隆起了高高的山岭，从此这里经历了长达两亿多年的风化剥蚀时期。在这漫长的地质历史中，各种地质作用包括物理的、化学的、微生物的风化作用从未间断，永不停止地改造着这片巨厚的石灰岩层。区域性高纯度的石灰岩广泛分布，造就了乐业县境内天坑群、冰洲石群的大量出现。乐业天坑群有丰富的地下水系，最后全部汇入红水河。然而这一带，无一条地表水系，这说明地下分布着发育良好的地下河溶洞群系。

大石围天坑位于乐业县同乐镇刷把村的北边，属红水河南端的干热河谷地带，经国土资源部地质专家和岩溶洞穴专家实地考察论证，大石围的地下原始森林面积为世界第一；大石围的深度约为613米，其长约为600米，宽约为420米，容积约为0.8亿立方米，也处于世界第二位，有世界“岩溶圣地”之美称。此处是集独特奇绝的溶洞与原始森林和珍稀动植物于一体的垂直竖井，形成天然的洞底有洞、洞中有河。冷热相交汇的两条地下暗河中的石笋挺拔丛生，石柱峭然擎天，石帘晶莹透亮，石瀑到处都有，景观奇特迷人。在大石围周边村屯又有独特奇绝的百洞、神木、苏家坑、邓家坨、甲蒙、燕子、盖帽、黄猿、风岩、大坨、穿洞等20多个石围，形成了世界上独一无二的天坑群。

地下原始森林

天坑中上层乔木以香木莲为主，天坑底部香木莲一般为成年大树，树围2米左右，树高30米者不在少数。天坑中的棕竹，生长年代久远，基部“竹节”分外明显，节间显黄绿色光泽。一般高度在5~6米，成片分布的天然野生棕竹，在我国森林中十分罕见。

路南石林

路南石林位于云南省路南彝族自治县。“路南”是彝族的音译，含义是黑色的石头。这里距昆明120千米，是世界闻名的喀斯特地区之一，被人们赞誉为“天下第一奇观”。石林景区植被生长良好，森林覆盖率为30%。目前，石林风景区有小型的哺乳动物、爬行类动物、鸟类和昆虫等。凡滇中地区适宜的木本植物和花卉，在石林都可生长。

基本小知识

苦丁茶

苦丁茶是中国一种传统的纯天然保健饮料，来源为冬青科植物大叶冬青的叶。生于山坡、竹林、灌木丛中。分布于长江下游各省及福建省。

据科学鉴定，距今2.7亿年前，石林地区还是一片汪洋，海底沉积有厚厚的石灰岩，经中生代地壳的运动，海底上升露出水面形成陆地。200万年来，在高温多雨的环境中，在强烈的溶蚀和日复一日的风化作用下，海水和雨水沿着构造裂隙运动，使溶沟不断地扩大和加深，久之先成石芽，继而形成千百万座拔地而起的石峰，与众多的石柱、石笋连片成群，最后形成了今

路南石林

天我们看到的石林。

在石林间的峡谷小路中穿行，就像在艺术博物馆中参观一样。众多巨石拔地而起，千姿百态，形态各异。人们根据石头的外形赋予了它们美丽的传说，其中最著名的就是“阿诗玛峰”的故事。

阿诗玛峰位于石林边缘，从某个特定角度看它，宛若一个身背花篮、亭亭玉立的美丽少女，她就是中国少数民族传说中的姑娘阿诗玛的化身。出于对她的怀念和敬仰，人们都喜欢与阿诗玛峰合影留念。

阿诗玛峰的倩影是路南石林最美的风景。此外，石林中还有骆驼峰、象石等众多传神的石刻作品。在路南石林，大自然的鬼斧神工给人无限的惊叹和感慨。

在喀斯特地貌地区，溶洞很常见。石林的发育，离不开地下水道系统的支持。完善的地下水道系统，能不停息地将溶解了石灰岩的水溶液冲走，保证溶蚀过程持续不断地进行下去，最终塑造出像石林这种规模巨大、石峰造型千姿百态的地貌奇观。而地下水道自身也被不断地溶解，因此出现了地下溶洞。

阿诗玛

路南石林的地下有许多神奇的溶洞，例如芝云洞和奇风洞。芝云洞位于石林之西北约3000米处，是岩溶地貌的地下奇观之一。洞内有洞，大者可容千人，四壁布满石钟乳，击之有钟鼓声。另有石床、石田、石浪、石秤等物，谓之“仙迹”。洞顶岩溶滴落，历经亿万年，或如仙翁拄杖而立，或如玉笋、宝塔，或如青蛙跃然欲行，莫不惟妙惟肖。奇风洞位于大小石林东北5000米处，它由间歇喷风洞、虹吸泉和暗河三部分组成。

路南石林的另一景色就是那些低等生物了。如果分别在冬季和夏季来到石林，人们就会注意到石林的颜色大不一样。原来当雨季来临时，附在岩石表面的藻类和苔藓，由于水分充足，生长旺盛，呈现一种墨绿色，使整个石林远看像一幅水墨画一般；冬季寒冷无雨时，石头上的藻类与苔藓干枯了，石林便呈现出一种灰白色。又由于石灰岩表面分布着一条条溶痕，凹凸不平，藻类与苔藓的分布也就相应不同，因此即使就单一的石灰岩来看，颜色也仿佛“墨分五彩”般具有丰富的层次。

元谋土林

路南石林已经驰名中外，元谋土林也足以与它争奇斗艳。元谋土林分布在云南省元谋县西部和西北部的白草岭山脉余脉以及蜻蛉河、勐冈河、班果河沿岸，总面积 43 平方千米。元谋土林以虎跳滩、班果、新华等地分布集中，保存完好，面积较大。土林是沙、土、砾石堆积物在干热气候条件下，经过大自然的加工改造而逐步形成的。由于土林的沙砾中含有多种矿物质，土林呈现出粉红、浅绿、橘黄、玫瑰红等色泽，随光照角度变化，色彩变幻无穷。

元谋土林

元谋土林属于地质新生代第四纪砂砾黏土沉积岩，这一地层岩层倾斜较缓，有利于保持岩柱稳定。由于这个层位有较多的膨胀土成分，雨后泡水体积膨胀，干季失水体积缩小。同时还由于元谋土林正处于砂砾岩内，铁质皮壳与粉砂岩黏土层软硬相间，沿软岩层凹进，硬岩层突出，不断地发育成长。就是在这样特殊的地质条件下，经过亚热带地区长期的烈日曝晒、雨水冲刷和切割，才形成这一自然奇观。元谋土林的基本构成是一座座黄色的土峰土柱。土峰土柱的顶端大都呈圆锥形或扁平形，犹如戴了一顶顶土帽。据考证，土柱表层物质被风雨等外力剥蚀、运走，沉积层中的铁、钙质凝结为坚硬且不透水的胶结层暴露出来，形成天然顶盖土帽，使得土峰土柱受到相应保护，因而不易倾倒。如果说水土流失是土林形成的主要原因，那么“土帽”则使成型的土峰土柱能够岿然独存。

元谋土林中比较著名的是虎跳滩土林、班果土林和新华土林。虎跳滩土林位于元谋县城西北 32 千米的物茂乡虎溪行政村，又称芝麻土林，总面积 2.3 平方千米。虎跳滩土林形态以城堡状、屏风状、帘状为主，高度一般为 10～15 米，最高 27 米。从远处眺望虎跳滩土林，沟壑纵横，荒凉粗犷，犹如一座废弃的城堡。而近看则像一组组工程巨大的艺术群雕。虎跳滩土林主沟为东西向的干涸河床，河床表面为黄色细沙和彩色砾石，而支沟则分布在主沟南北两侧。

班果土林位于元谋县城西 18 千米平田乡南 400 米沙河处，总面积 14 平方千米，是元谋县面积最大的土林。由于班果土林是土林发育老年期残丘阶段的代表，所以土林高度一般在 3～8 米，最高 12 米。班果土林的土柱分布稀疏，个体较发育，群体较少。主干沙河河谷及其

新华土林

支沟表面堆积着较厚的灰白色细沙。班果土林以柱状、孤峰状为主，造型奇特。这里由于缺水，植被较差，只有少量的草丛。正因为如此，班果土林保持了土林的原始风貌，显示出土林的雄浑壮观。班果土林的土柱表面夹杂有闪烁的石英砂和玛瑙片砂，如同镶嵌了宝石，在阳光的照耀下，五光十色。

新华土林位于元谋县城西 33 千米处新华乡境内，距班果土林 15 千米，地处元谋、大姚、牟定三县交界处。总面积达 8 平方千米，由华丰、浪巴铺和河尾三片土林组成。新华土林高大密集，类型齐全，圆锥状土林发育良好，一般高 8 ~25 米，最高达 42. 8 米，居元谋土林之冠。新华土林色彩丰富，土柱顶部以紫红色为主，中部为灰白色，下部则以黄色为基调。从远处看新华土林，就像一座座富丽堂皇的宫殿，走进去犹如置身于古堡画廊中。

黄　龙

黄龙位于我国四川省阿坝藏族羌族自治州松潘县境内。整个风景名胜区总面积为 1340 平方千米，其中黄龙风景区面积为 700 平方千米。这里平均海拔 3100 米，年平均气温 5℃。在浅黄色的地表钙华堆积体上，八大彩池群层层叠叠，如巨龙的鳞甲闪耀着五色缤纷的波光；黄龙飞瀑的轰鸣与岩溶流泉的轻唱遥相呼应，构成了一首永不停息的交响乐。

黄龙沟

距今 200 万年以前，地球的造山运动使岷山山脉伴随着青藏高原一同快速隆起，黄龙沟也在这一期间形成了典型的冰川 U 形谷地。

黄龙地区属古生界和三叠纪以碳酸盐成分为主的地层，地质结构复杂。黄龙古寺南侧的望乡台断裂带是重要的地下水通道，富含碳酸氢钙的地下水通过深部循环在此出露，成为黄龙钙华堆积的源泉。这些水流经黄龙沟凸凹不平的河床，分布流速变化不均，加上树根、落叶的局部阻塞，在温度、压力、水动力等因素变化的影响下，水中的碳酸钙沉积下来，形成钙华塌陷、钙华滩流、钙华瀑布等独特的露天钙华堆积地貌。

这一地貌的形成和水生植物也有密切关系，科学家们称之为“生物喀斯特作用”。其原理主要由两方面组成：一是“光合作用”，水生植物在白天吸入水中的二氧化碳，产生氧气，使钙华沉积；二是“呼吸作用”，水生植物在夜晚吸入水中的氧气，产生二氧化碳，使钙华溶解。是否出现钙华沉积，则要看净光合作用（总光合作用与总呼吸作用之差）的大小。据实验，只有在一定低温（低于 -20℃）范围内，净光合作用才会达到最大值。由于黄龙地处高寒山区，在具备充足的钙华沉积物源的基础上，低温的环境和良好的植被便成为促进地表大量钙华堆积的主因。在黄龙沟的彩池、滩流和瀑布中，常常可以看到围绕和依附植物茎干和枝叶形成的钙华，这是生物喀斯特作用促进钙华沉积的典型例证。这种高山、高寒环境下形成的大规模钙华堆积地貌是世界上绝无仅有的景观，具有重要的科学价值和美学价值。

洗花池群

在相对高差达 400 余米的黄龙沟中，古冰川塑造的地貌经过长期的钙华沉积，形成了一系列似鱼鳞叠置的彩池群。巨大的水流沿沟谷漫溢，注入池子，层层跌落，穿林、越堤、滚滩，最后汇入涪江源流，形成一个完整的水文地质单元。八群彩池，规模不同，形态各异。“洗花池群”为进沟第一池群，掩映在一片葱郁的密林之中。20 多个彩池参差错落、排列有序，池水如明镜一般镶嵌在似金如银的钙华体上，彩光闪烁。位置最高的“浴玉池群”由 693 个彩池组成，面积 21 056 平方米，是黄龙最大的一个彩池群。池埂低矮，池岸洁白，水平如镜，个个彩池宛如片片碧色玉盘。湖中的古木、老藤被钙华塑成一件件艺术珍品，有的似雄鹰展翅，有的似猛虎下山，有的似珊瑚林立，栩栩如生。冬天，在一片冰雪世界中，唯有这里，彩池仍如碧玉、翡翠一般，分外夺目。“争艳池群”的 658 个彩池中，池水呈现出各种不同的色彩，五光十色，争奇斗艳，是彩池中的佼佼者。

钙华滩流长 2500 米，宽 100 米，浅浅的流水在滩面滚流，一泻千米，在阳光照射下，波光粼粼，晶莹透亮。涉足滩上，似有“千层之水脚下踏，万两黄金滚滚来”之感，使人惊叹大自然造景之神奇。黄龙瀑布规模虽不大，但它飞泻于黄色钙华坡上，流泻于彩池之间，更显得秀美多姿，别生情趣。黄龙洞内，酷似尊尊佛像的石钟乳似幻似真。位于巨型钙华瀑壁的“洗身洞”小巧玲珑，洞内石笋、石钟乳千姿百态，掩映在如纱似绢的瀑布之中。

西双版纳

美丽富饶的西双版纳傣族自治州位于云南省西南端，东南部与老挝接壤，西南部与缅甸交界，州府为景洪市。西双版纳具有非常独特的亚热带风光，这是在我国其他地区很难见到的，而且动植物资源非常丰富，素有“植物王国”、“动物王国”、“药材王国”三大王国的美称。她拥有神秘的原始森林、奇异的热带雨林风光、繁多的动植物资源、古老而诱人的民族风情，以神奇、富饶、美丽、多姿著称于世。

西双版纳处于热带北部边缘，横断山脉南端，受印度洋、太平洋季风气候影响，具有大陆性和海洋性兼优的热带雨林气候，高温多雨，静风少寒，干湿季分明。这里年均气温在18℃～21℃，降雨量在1100～1900毫米，全年日照时数达1700～2300小时。整个地势由北向南倾斜迭降，两侧高，中间低，形成深度切割的山原地貌形态。州内最高海拔达2429米，最低海拔477米，具有山区和坝区的明显区别。全州土地面积2万多平方千米，其中山地面积占95%，坝区面积占4%，水域面积占1%。

西双版纳热带雨林

在西双版纳海拔500米以下的河谷地带，有着我国面积最大的热带雨林，其中有大量的热带植物种类。西双版纳的热带雨林终年郁郁葱葱，生息不止，能有效调节环境，吸收空气中大量的二氧化碳，释放大量的氧气。由于这里长夏无冬，丰富的水热条件和复杂多样的地貌，发育形成了多种多样的森林类型。正是这些丰富多样的森林植被，把西双版纳

拓展阅读

西双版纳

西双版纳傣族自治州，位于云南省西南端，是云南省下辖的一个自治州。西双版纳，古代傣语为“勐巴拉那西”，意思是“理想而神奇的乐土”，这里以神奇的热带雨林自然景观和少数民族风情而闻名于世，是中国的热点旋游区之一。每年的泼水节于4月中旬举行，吸引了众多国内外的游客参与。

装扮得绚丽万千、多彩多姿。在热带雨林里，多种多样的植物，熙熙攘攘地生活在一起，既显示出万物竞争的勃勃生机，又充满了盘根错节、相依相恋的世代相伴之情。它们繁而不乱，占据着各自的空间，吮吸着大自然的阳光雨露。巨大的板状根、老茎生花果、飞舞的巨藤、树木的绞杀、空中的花园等等神奇的生态现象吸引着人们的目光。

野象谷

西双版纳热带雨林中还有许多奇特的植物景观：最上层是树干高大的望天树、阿丁凤等，有的望天树高达 80 多米；中层一般是高大笔直的乔木，主要有红光树等；中下层则为普通的乔木；下层多为低矮灌木；最底层主要是各类杂草和苔藓。在西双版纳热带雨林中还可以看到多种珍贵而奇特的动物。这里栖息着孔雀、亚洲象、长臂猿等多种珍禽异兽。得天独厚的条件使西双版纳赢得了“植物王国”、“动物王国”、“孔雀之乡”、“大象乐园”等美誉。

趣味点击　望天树

望天树又名擎天树，是近年来发现的一个新种，是 1975 年才由中国云南省林业考察队在西双版纳的森林中发现的。其属于龙脑香科，柳安属。该属共 11 名成员，大多分布在东南亚一带。望天树是只有在中国云南才生长的珍稀树种。望天树的所在地，大部分为原始沟谷雨林及山地雨林。它们多成片生长，组成独立的群落，形成奇特的自然景观。

西双版纳的热带雨林、热带季雨林里，独树成林的景观比比皆是。著名的一株成林独树，树高达28米，树龄在200年以上，属热带、亚热带的大叶榕。该树主干中部平生的众多气生根，顺树而下，相互交缠，盘于根部。左右两侧的主枝上，有32条大小不等的气生根垂直而下，扎入泥土，形成根部相连的丛生状支柱根，塑造出一树多干的成林景致。这种气生根形成的自然景观十分引人注目。

西双版纳野象谷位于勐腊自然保护区南缘，坐落在昆洛公路684～685千米路段的西侧，距州府景洪35千米，是西双版纳最令人神往的森林公园和观赏野象活动的景区。由于此地的河流分为三岔，故又名三岔河森林公园。自然保护区内以其特有的热带原始森林景观和数量较多的野生亚洲象而著称于世。

若尔盖大草原

若尔盖大草原是地处我国四川、甘肃、青海三省交界处的中国川西北大草原，包括若尔盖、阿坝、红原、壤塘四县，为中国五大草原之一。若尔盖大草原是四川省最大的草原，面积近3万平方千米，由草甸草原和沼泽组成。草原地势平坦，一望无际，人烟稀少。若尔盖大草原水草丰茂，原始生态环境保护良好，形成了山水秀丽、景色迷人的草原风光。这里有著名的九曲黄河第一湾和花湖。水的透明度都有很大的变化，因此也造成了湖水色彩的变幻多姿。

若尔盖大草原

若尔盖大草原位于青藏高原东部边缘地带，地处阿坝藏族羌族自治州北部。境内地形复杂，若尔盖大草原南部的鹧鸪山巍然挺立，山顶积雪，气势雄伟；原始森林与雪山草地、河谷农田交相辉映。这里是我国三大湿地之一，草地连绵，积水成沼，河流弯曲摆荡，蜿蜒其间；湖泊星罗棋布，独成一道风景。

花　湖

黄河与长江流域的分水岭将草原上的若尔盖县划分为东西两个截然不同的地理单元和自然经济区。东部群山连绵，峰峦叠翠；西部草原广袤无垠，水草丰茂，牛羊成群，素有“川西北高原的绿洲”之称，中西部和南部为典型的丘状高原，地势由南向北倾斜，平均海拔3500米。境内丘陵起伏，谷地开阔，河曲发达，水草丰茂。主要河流有嘎曲、墨曲和热曲，从南往北汇入黄河。北部和东南部山地系秦岭西部群山的余脉和岷山北部尾端，境内山高谷深，地势陡峭，海拔2400～4200米，主要河流有白龙江、包座河和巴西河。

若尔盖大草原的花湖自然保护区，风景十分优美。花湖位于若尔盖县城西北约40千米处，此处是青藏高原最大的高原湿地，花湖只是其中一个沼泽湖而已。花湖因每年8月浅水中的水草会在水中开出朵朵美丽的小花而得名。这里除了

广角镜

黄河的主要支流

黄河主要支流有白河、黑河、湟水、祖厉河、清水河、大黑河、窟野河、无定河、汾河、渭河、洛河、沁河、大汶河等。其中渭河为黄河的最大支流。

有清澈见底的湖泊外，还有一望无垠的被黄色、蓝色等各色野花点缀着的大草原，周围是巍峨的连绵起伏的群山。花湖水面辽阔，水看似不深，但下面却是深不可测的沼泽地。湖边生长着大片的芦苇丛，夏季翠绿，秋冬金黄。花湖还是我国珍稀保护动物黑颈鹤的栖息地。每年夏、秋季节，大量的黑颈鹤飞到这里繁殖后代，这里的湿地顿时充满了生机。

呼伦贝尔草原

呼伦贝尔草原是中国温带天然优良草场、传统牧区，因其境内有呼伦、贝尔二湖，故名。呼伦湖像一颗晶莹硕大的明珠，镶嵌在呼伦贝尔草原上。呼伦湖与东南方相距 250 千米的贝尔湖被称为姊妹湖，成为呼伦贝尔草原的象征。贝尔湖位于呼伦贝尔草原西南中蒙交界地带，大部分属蒙古。湖形椭圆，长约 33 千米，宽 20 千米，面积约 600 平方千米，平均水深 8 米左右。东南有源于中国大兴安岭特尔莫山的哈拉哈河注入，西北角有乌尔逊河与呼伦湖相通。水质良好，湖内盛产鲤鱼。

呼伦贝尔草原位于内蒙古自治区东北部的呼伦贝尔盟，东起大兴安岭西麓，西至中蒙、中俄边界；北起额尔古纳市境内的根河南岸，南至中蒙边界；东南一隅与兴安盟接壤。草原面积 9 万多平方千米，其中天然草场面积占 80.1%。呼伦贝尔，以它茫茫的草原、浩瀚的森林和古朴多姿的民族文化而著称于世，被人们誉为绿色之净土、北国之碧玉。

呼伦贝尔草原

受喜马拉雅运动的影响，这里东部和西部隆起为丘陵和低山，中央陷落成谷地，海拔多在650~700米，大部分被第四纪风沙及砾石层掩盖。草原夏季温和短暂，冬季严寒漫长。草原的天然草场以干草原为主体，包括林缘草甸、草甸草原、河滩与盐化草甸及沙地草场等多种类型。有野生种子植物600多种，占优势的牧草主要有羊草、贝加尔针茅、大针茅等。这里是著名的三河牛、马和锡尼河牛、马的产地。西部大面积草场退化，东部大面积草场未利用，地形和缓，水源较丰，改良利用条件好。滨州铁路横贯大草原。重要城镇有呼伦贝尔市、满洲里市。

莫尔格勒河

草原上牧草茂密，每平方米生长20多种上百株牧草。有药材约400种，兽类约35种，禽类约200种，鱼类约60种。草原白蘑、秀丽白虾、三河牛、蒙古羊享誉国内外。呼伦贝尔草原河流纵横，大小湖泊星罗棋布。呼伦贝尔草原上的主要河流有海拉尔河、额尔古纳河、伊敏河、辉河、锡尼河、莫尔格勒河、哈拉哈河、根河、乌尔逊河、克鲁伦河等。每到夏季，这里莺飞草长，牛羊遍地。星罗棋布的河流、湖泊，是呼伦贝尔自然风光中的又一奇观。不同的地理环境使呼伦贝尔的河流千姿百态，各具特色。河流在山林中水势湍急，而到了草原则温顺平缓，九曲回肠。有“天下第一曲水”之称的莫尔格勒河长约150千米，宛如一条玉带，延伸在呼伦贝尔草原上。

呼伦贝尔草原上最吸引人的应该是蒙古包。蒙古包呈圆形，四周侧壁分成数块，每块高130~160厘米、长230厘米左右，用条木编成网状，几块连接，围成圆形。长盖伞骨状圆顶，与侧壁连接。帐顶及四壁覆盖或围以毛毡，用绳索固定。西南壁上留一木框，用以安装门板。帐顶留一圆形天窗，以便采光、通风、排放炊烟，夜间或风雨雪天覆以毡。蒙古包最小的直径为300厘米左右，大的可容数百人。蒙古包分固定式和游动式两种。半农半牧区多建固定式，周围砌土壁，上用苇草搭盖；游牧区多为游动式。游动式又分为可拆卸和不可拆卸两种，前者以牲畜驮运，后者以牛车或马车拉运。

呼伦贝尔草原锡尼河畔的蒙古族是个游牧民族，现在大部分已经定居生活了，但是还有一些零散的半定居的“泥包”。“泥包”建筑外形很像蒙古毡包，它用柳条排编构筑，再和泥覆盖，里面打上木地板，架起火炉来，室内十分暖和。

昆士兰列入世界遗产的是“热带雨林”

昆士兰湿热地区，位于澳大利亚东部的昆士兰州。1988年根据自然遗产的遴选标准被列入《世界自然遗产名录》。这一地区位于澳大利亚的最东北端，绝大部分地区由潮湿的森林组成。这里的环境特别适合于不同种类的植物、袋鼠以及鸟类生存，同时给那些稀有的濒危动植物也提供了良好的生存条件。崎岖的山路、浓密的热带雨林、湍急的河流、深邃的峡谷、白色的沙滩、绚丽的珊瑚礁、活火山和火山湖，构成了昆士兰湿热地区奇特的美景。

在澳大利亚昆士兰州的大分水岭以东，沿库克敦往南，经昆士兰州首府布里斯班到新南威尔士州北部的狭长地带，是一片绿色的世界，在植物学上被称为澳大利亚东北部植物亚区。这就是昆士兰的热带雨林，面积达8979平方千米。在来自热带太平洋的东南信风的影响下，昆士兰雨水充足，最高峰巴特尔弗里尔山的年降雨量有1200~9000毫米。昆士兰的森林很有特色，树木高大，有些树高达50米。由于树冠遮住了太阳，地面照不到阳光，所以森林里小树很少。森林在沿海区域比较茂盛。由于海拔高度不同，气温也不一样，昆士兰从茂密的热带雨林到寒冷的山地羊齿类植物，共有13种森林植被。

知识小链接

热带雨林

热带雨林是地球上一种常见于约北纬10度和南纬10度之间热带地区的生物群系，主要分布于东南亚、澳大利亚、南美洲亚马孙河流域、非洲刚果河流域、中美洲、墨西哥和众多太平洋岛屿。热带雨林地区长年气候炎热，雨水充足，正常年雨量大约为1750～2000毫米，全年每月平均气温超过18℃，季节差异极不明显，生物群落演替速度极快，是地球上过半数动物、植物物种的栖息地。

昆士兰的湿热地带是少有的几个能够全部满足《世界自然遗产名录》四个条件的地区之一。它展现了地球上生物进化历史过程的主要阶段，是一个突出表现生态与生物进程的实例，包含了最高级的自然现象，是最重要的保有自然生物多样性的生物栖息地。湿热地带面积约9000平方千米，这一地区包括许多国家公园，如：丹特里国家公园、巴龙乔治与乌龙努兰国家公园。这里是澳大利亚保存得最广阔的湿热带雨林保护区。这里也有其他的生物群落，但最多样和最美丽的群落就是雨林。这些雨林几乎保存着世界上最完整的地球植物进化记录。湿热地区是世界上最集中地保存着原始开花植物种群的地区。澳大利亚已知的雨林中再也没有像这里这样多样化的了。这些雨林有着众多的层次和不同的植物种类，差不多有30种雨林群落在这里出现，红树林的种类也有着许多变化。

这里是世界上为数不多的几块尚未被人类开发的地区之一。几千年前，土著人就开始在热带雨林生活，但现在仅存500人左右。他们至今仍讲本民族独特的语言，保持着本民族的文化习俗。

在热带雨林中，最具代表性的特种植物有楝树、香椿、贝壳杉、蒲葵、南洋杉、金合欢、红胶木、哈克木、木麻黄、香樱桃、苏铁、杜鹃、白藤、铁线莲、茉莉、菝葜、刺树叶、罗汉松、露兜树、榕树、蚌壳蕨等等。走入雨林，仿佛置身于一个绿色的世界。在这片原始密林中，有众多在其他地方难觅的大洋洲特有植物。在雨林中有一种热带兰科植物——香子兰，其根茎可长到15米，是世界上最大的兰科植物。有一种能刺伤人的大洋洲荨麻树，它的叶片很大，但却像鸟的羽毛一样柔软，如果谁不小心碰到它，叶片马上会分泌一种毒素刺伤人的皮肤。有一种寄生植物无花果树，它寄生在别的大树上，其根系特别发达，垂下来像一根根绳索，紧紧地把住宿树扼住，直至住宿树枯死为止。

昆士兰热带雨林的面积虽然只占澳大利亚大陆总面积的1.2‰，这里却生活着澳大利亚1/3的袋鼠和树袋熊、3/5的蝙蝠、3/5的蝴蝶、1/5的两栖类动物、1/3的爬虫类动物。而且，这里还生存着有1.2亿年历史的植物和昆虫。昆士兰的热带雨林有漂亮的凯恩斯凤蝶、黑蓝色的琉璃乌蝶，还有绿蟒和麝鼠、袋鼠，以及能发出猫叫声的“猫鸟”，能发出鞭子抽动声的“鞭鸟”。这片原始雨林中还生活着一些科学家们至今叫不出名字的鸟类和昆虫。

树袋熊

在雨林种的众多动物中，树袋熊是最惹人关注和喜爱的动物之一。树袋熊（又名考拉）是澳大利亚奇特的珍稀原始树栖动物，属有袋哺乳类。它性情温顺，体态憨厚，长相酷似小熊。生有一对大耳朵，鼻子扁平，无尾，身披一层浓密的灰褐色短毛，胸部、腹部、四肢内侧和内耳皮毛呈灰白色，身长约80厘米，体重可达15千克左右。它四肢粗壮，尖爪锐利，善于攀树，整日以树为家，就连睡觉也不下来。由于树袋熊从桉树叶中得到了足够的水分，因此，一般很少饮水，所以当地人称它“克瓦勒”，意思就是“不喝水”。

白天，树袋熊通常将身子蜷作一团栖息在桉树上，晚间才外出活动，沿着树枝爬上爬下，寻找桉叶充饥。它胃口很大，食路却十分狭窄，非桉叶不吃。虽然澳大利亚有300多种桉树，可树袋熊只吃其中的12种。它特别喜欢吃玫瑰桉树、甘露桉树和斑桉树上的叶子。一只成年树袋熊每天能吃掉1千克左右的桉树叶。桉叶汁多味香，含有桉树脑和水茴香萜，因此，树袋熊的身上总是散发着一种馥郁清香的桉叶香味。

帕木克堡

土耳其西部帕木克堡白色的梯形阶地，如同扇贝似的层层叠起，绒毛状的白色梯壁和钟乳石梯形阶地上有许多水池。这些富含矿物质的温泉水一直被认为具有治病的神奇功效。帕木克堡之名意为“棉垛城堡”。石头倒映于清澈的池水之中，就像结冰的瀑布；细长的石柱夹杂着夹竹桃的红花，在长满松林的山峰及灿烂的阳光衬托下，分外夺目。

帕木克堡

帕木克堡的形成，早有“其为上古神灵收获和曝晒棉花的场所，久而久之棉花化为玉石而成”的传说。按照现代科学的解释，乳白色的“阶梯”是钙华，其主要组成成分是石灰质（碳酸钙），石灰质和溶洞里常见的钟乳石相近。这里的钙华来源于附近高原的温泉。雨水渗入地下，经过漫长的地下水循环，再以温泉的形式涌出，整个过程中水溶解了大量岩石中的石灰质和其他矿物质。当泉水涌出，从高原边缘顺淌时，石灰质逐渐析出，沉积在沿途上，而且其结晶析出的规律是在水流的波折处更容易发生沉积，凸者愈凸，久而久之，阶梯状的钙华堤就形成了帕木克堡的梯壁。

阶地和钟乳石分布范围约有2000米长、500米宽，是附近高原上喷出的火山温泉的杰作。雨水溶解岩石里的石灰和其他矿物质，渗入地下成为泉水。泉水从高原边缘向下流淌时，便把这些矿物质沉积于山侧。长年累月，凡是泉水流过的地方都包上一层石灰质，逐渐形成了白色闪光的梯壁、阶地和钟乳石。

科学家发现，富含矿物质的温泉可以治疗或减轻风湿、高血压和心脏病。帕木克堡泉水治病的功效在2000多年前已经出名了。据说古希腊城邦小国白加孟(土耳其西海岸附近的古希腊城邦)的国王尤曼尼斯二世曾在附近有喷泉的高原上建造了希拉波利斯城，现在帕木克堡上的废墟即由这座古城而来。公元前129年，希拉波利斯城成为罗马帝国属地，曾被之后的几代罗马皇帝选为王室浴场。再以后在老城的基础上屡建新的建筑，有宽阔的街道、剧院、公共浴场，还有用渠道供应温水的住宅，盛极一时。这里泉水的治病功效至少在公元前190年就已闻名遐迩了。

夹竹桃

还有一种说法，据说白加孟国王尤曼尼斯二世是以白加孟国的创始人特利夫斯的妻子希拉的名字为此城命名的。到了公元2世纪，这里又建造了有不同温度浴室的澡堂。洗澡的人先在冷水浴室里洗，接着到中温浴室往身上涂油，最后到高温和蒸汽浴室，用叫作擦身器的刮板把身上的油脂和污垢刮去。浴场里还有一座小博物馆，陈列着精美的雕塑。有的浴室中还发掘出医疗用具及珠宝。

帕木克堡有一种植物和帕木克堡一样闻名遐迩，那就是夹竹桃。生长在帕木克堡的红夹竹桃与白色的阶地形成鲜明的对照。夹竹桃是直立灌木，高可达 5 米，叶长 7～15 厘米，宽 1～3 厘米，中脉于背面凸起，侧脉密生而平行，边缘稍反卷。花红色（栽培品种有白花的），常为重瓣，芳香，果长10～20 厘米；种子顶端有黄褐色种毛。花果期为 4～12 月。

巨人之路

在英国北爱尔兰安特里姆平原边缘，沿着海岸在玄武岩悬崖的山脚下，大约由 4 万多根巨柱组成的贾恩茨考斯韦角从大海中伸出来。这 4 万多根大小均匀的玄武岩石柱聚集成一条绵延数千米的堤道，被视为世界自然奇迹。这里就是“巨人之路”。

巨人之路又被称为巨人堤或巨人岬，这个名字起源于爱尔兰的民间传说。一种说法是它是由爱尔兰巨人芬·麦库尔建造的。他把岩柱一个又一个地移到海底，那样他就能走到苏格兰去与其对手芬·盖尔交战。当麦库尔完工时，他决定休息一会儿。而同时，他的对手芬·盖尔穿越爱尔兰来估量一下他的对手，却被睡着的巨人那巨大的身躯吓坏了。尤其是在麦库尔的妻子告诉他，这事实上是巨人的孩子之后，盖尔在考虑这小孩的父亲该是怎样的庞然大物时，也为自己的生命担心。他匆忙地撤回苏格兰，并毁坏了其身后的堤道。现在堤道的所有残余都位于安特里姆海岸上。

另外一种说法是爱尔兰国王军的指挥官巨人芬·麦库尔力大无穷，一次在同苏格兰巨人的打斗中，他随手拾起一块石块，掷向逃跑的对手。石块落在大海里，就成了今日的巨人岛。后来他爱上了住在内赫布里底群岛的巨人姑娘，为了接她到这里来，才建造了这么一条堤道。

从空中俯瞰，巨人之路这条赭褐色的石柱堤道在蔚蓝色大海的衬托下，格外醒目，惹人遐思。但是是什么样的自然伟力造就了这一举世闻名的奇观呢？真像人们传说的一样，巨人之路是人为建造的吗？

巨人之路

现代地质学家的研究解开了“巨人之路”之谜。数千万年以前，雏形期的大西洋开始持续地分裂和扩张。大西洋中脊就是分裂和扩张的中心，也即是分离的板块边界。上地幔岩浆从中脊的裂谷中上涌，覆盖着大片地域，熔岩层层相叠。现今爱尔兰和苏格兰两岛的熔岩高原就是当时大规模的熔岩流形成的。熔岩冷却后形成玄武岩，岩浆凝固过程要发生收缩，而且收缩力非常平均，以致裂开时形成规整的六棱柱体，这种过程有点像泥潭底部厚厚的一层泥在阳光下曝晒干裂时的情景。贾恩茨考斯韦角的玄武岩石柱自形成以来的千万年间，受大冰期冰川的侵蚀及大西洋海浪的冲刷，逐渐被塑造出这一奇特的地貌。每根玄武岩石柱其实是由若干块六棱状石块叠合在一起组成的。波浪沿着石块间的断层线把暴露的部分逐渐侵蚀掉，把松动的搬运走，最终，玄武岩石堤的阶梯状效果就形成了。

巨人之路海岸包括低潮区、峭壁，以及通向峭壁顶端的道路和一块平地。峭壁平均高度为 100 米。火山熔岩在不同时期分五六次溢出，因此形成峭壁的多层次结构。

巨人之路是这条海岸线上最具有玄武岩特色的地方。大量的玄武岩柱石排列在一起，形成壮观的玄武岩石柱林，气势磅礴。石柱不断受海浪的冲蚀，在不同高度处被截断，导致巨人之路呈现高低参差的台阶状外貌。

组成巨人之路的石柱的典型宽度约为 0.45 米，延续约 6000 米长。有的石柱高出海面6米以上，最高者可达12米左右。也有的石柱隐没于水下或与海面一般高。类似的柱状玄武石地貌景观，在世界其他地方也有分布，如苏格兰内赫布里底群岛的斯塔法岛、冰岛南部、我国南京市六合区的柱子山等，但都不如巨人之路表现得那么完整和壮观。巨人之路是这种独特现象的完美的表现。这些石柱构成一条有台阶的石道，宽处又像密密的石林。巨人之路和巨人之路海岸，不仅是峻峭的自然景观，也为地球科学的研究提供了宝贵的资料。

阿拉斯加极光

阿拉斯加州是美国最大的州，位于北美大陆西北端，东与加拿大接壤，另外三面环北极海、白令海和北太平洋。按地理区划可划分为西南区、极北区、内陆区、中南区和东南区。极北区是出现极光和极昼的地区。极光最常出没在南、北纬67度附近的两个环状带区域内，分别称作南极光区和北极光区。北半球以阿拉斯加、北加拿大、西伯利亚、格陵兰、冰岛南端与挪威北海岸为主。因纽特人认为极光是“鬼神引导死者灵魂上天堂的火炬”。

阿拉斯加极光

北极附近的阿拉斯加、北加拿大是观赏极光的最佳地点。

阿拉斯加的费尔班克斯更赢得“北极光首都”的美称，一年之中有超过200天的极光现象。阿拉斯加的西娜温泉、基利、阿利阿斯卡等地也是观赏极光的好地方。美国阿拉斯加等地的天空中，美丽的极光还呈现出变幻无穷的形状，一会儿是帷幕状、弧状，一会儿又是带状和射线状等多种形状。极光瞬间变动的形体，吸引了不少观看者。

极光的形成与太阳活动息息相关。每逢太阳活动极大年，可以看到比平常年更为壮观的极光景象。在许多以往看不到极光的纬度较低的地区，也能有幸看到极光。2003年10月29日晚，在美国的阿拉斯加，极光不同于以往的绿色，呈现了更多的色彩。当夜，红、蓝、绿相间的光线布满夜空中，场面极为壮观。虽然这是一件难得一遇的幸事，但在往日平淡的天空中突然出现了绚丽的色彩，在许多地区甚至还造成了恐慌。在美国阿拉斯加州费尔班克斯还出现过黑极光。黑极光是指正常亮极光之间的暗带，也称反极光。正常的极光是电子或带负电的粒子沿着地球的磁场冲向地球大气，撞击地球大气分子，使它们电离而发出的辉光。黑色的反极光，则是地球电离层中带负电的粒子，从地球磁场线的间隙被吸出去所产生的现象。这种黝黑的反极光延伸的高度可达2万多千米，持续时间有时长达数分钟。

知识小链接

磁　极

磁极是磁体两端吸引钢铁能力最强之处，分为N极和S极。同性磁极相互排斥，异性磁极相互吸引。

产生极光的原因是来自大气外的高能粒子（电子和质子）撞击高层大气中的原子的作用。这种相互作用常发生在地球磁极周围区域。现在所知，作为太阳风的一部分带电粒子在到达地球附近时，被地球磁场俘获，并使其朝向磁极下落。它们与氧和氮的原子碰撞，击走电子，使之成为激发态的离子，这些离子发射不同波长的辐射，产生出红、绿或蓝等色的极光特征色彩。在太阳活动盛期，极光有时会延伸到中纬度地带，例如，在美国南、北纬40度处还曾出现过北极光。极光最后都朝地极方向退去，辉光射线逐渐消失在弥漫的白光天区。造成极光动态变化的机制尚未完全明了。

大多数极光出现在地球上空90～130千米处，但有些极光要高得多。在地平线上的城市灯光和高层建筑可能会妨碍我们看光，所以最佳的极光景象要在乡间空旷地区才能观察到。

阿拉斯加的极光是吸引游客的一大亮点，而另一处亮点居然是当地居民。他们自称为“因纽特人”，在其语中即“真正的人”之意，多住在北极圈内的丹麦格陵兰岛、加拿大的北冰洋沿岸和美国的阿拉斯加州。因纽特人都是矮个子、黄皮肤、黑头发，这样的容貌特征和蒙古人种相当一致。因纽特人是由亚洲经两次大迁徙进入北极地区的，经历了4000多年的历史。在世界民族大家庭中，因纽特人无疑是最强悍、最顽强、最勇敢和最为坚韧不拔的民族。

因纽特人建造的冰屋

传统的因纽特人过着近乎原始的生活，他们四处打猎，靠天吃饭，生产力水平非常低，每天为食物而奔波。与之相适应的是，因纽特人有共享自然资源的传统，只有武器、日常生活用具和衣服归个人所有。现在真正的因纽特人大约只有15万人，他们的生活今非昔比，已经相当现代化了。